TAG UG / SAFON UWCH BLWYDDYN 1

LLAWLYFR MYFYRIWR

CBAC

Daearyddiaeth

Tirweddau rhewlifedig

Peryglon tectonig

Sue Warn

Golygydd y gyfres: David Burtenshaw

atebol

Y fersiwn Saesneg

Hawlfraint y testun © Sue Warn 2017

Cyhoeddwyd y testun Saesneg gan Hodder Education sy'n rhan o Hachette UK, Blenheim Court, George Street, Banbury OX16 5BH

Y fersiwn Cymraeg

Cyfieithwyd gan Lydia Jones, Beca Jones a Lynne Rees

Golygwyd gan Glyn Saunders Jones, Eirian Jones a Lynne Rees

Golygyddion ymgynghorol: Erin Roberts (CBAC) ac Alun Thomas, Ysgol Bro Myrddin, Caerfyrddin

Llun y clawr: Yr Wyddfa gan Iestyn Hughes

Cyhoeddwyd gan Atebol Cyfyngedig, Adeiladau'r Fagwyr, Llanfihangel Genau'r Glyn, Aberystwyth, Ceredigion SY24 5AQ

Hawlfraint y cyhoeddiad Cymraeg ©Atebol Cyfyngedig 2018

Ariennir y llyfr hwn a'r gyfres gyfan gan Lywodraeth Cymru fel rhan o'i rhaglen gomisiynu adnoddau addysgu a dysgu Cymraeg a dwyieithog.

ISBN: 978-1-912261-32-1

www.atebol.com

Cynnwys

Arweiniad i'r Cynnwys

Tirweddau rhewlifedig

Peryglon Tectonig

Cwestiynau ac Atebion

Gwneud y defnydd gorau o'r llyfr hwn

Cyngor i'r arholiad

Mae'r adran hon yn tynnu eich sylw at y pwyntiau allweddol yn y testun. Bydd hyn yn eich helpu i ddysgu a chofio. Bydd hefyd yn cynnig cyngor ar bethau i'w hosgoi yn ogystal â chynnig cyngor ar sut y gallwch chi wella eich technegau arholiad. Gwella eich gradd yn yr arholiad ydy'r nod.

Profi gwybodaeth

Cwestiynau sydyn drwy gydol y llyfr sy'n anelu at wneud yn siŵr eich bod yn deall y testun.

Atebion i'r adran Profi gwybodaeth

1 Trowch i gefn y llyfr i gael yr atebion i'r cwestiynau Profi gwybodaeth.

Crynodeb

■ Ar ddiwedd pob adran graidd mae crynodeb o gynnwys yr adran. Eu pwrpas ydy cynnig rhestr o'r prif bwyntiau sydd angen i chi eu cofio. Defnyddiol iawn ar gyfer adolygu hefyd.

Enghraifft o ateb myfyriwr
Atebwch y cwestiynau cyn troi at yr atebion y mae'r myfyriwr wedi'u cynnig.

Patrwm y cwestiynau yn yr arholiad

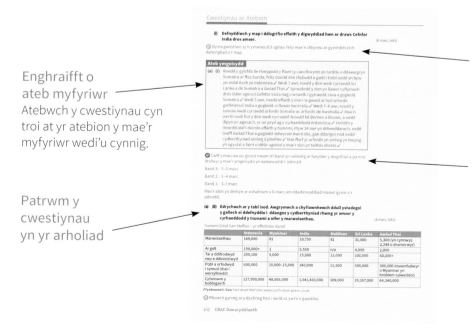

Sylwadau ar sut i fynd ati i ennill marciau llawn. Defnyddir yr eicon **e** i ddangos y sylwadau hyn

Sylwadau ar yr ateb sydd wedi ei roi gan y myfyriwr

Darllenwch y sylwadau (mae'r eicon **e** wedi'i gynnwys o flaen yr ateb) i weld faint o farciau y byddai'r myfyriwr yn ei dderbyn am bob ateb y mae wedi ei roi. Mae'n dangos hefyd sut mae wedi colli marciau.

Gwybodaeth am y llyfr hwn

Mae'r rhan fwyaf o'r cynnwys a'r hyn sydd angen i ni ei ddeall ar gyfer Daearyddiaeth Uwch Gyfrannol a Safon Uwch wedi cael ei seilio ar yr hyn wnaethoch chi ei ddysgu ar gyfer TGAU. Yr unig wahaniaeth yw bod angen i chi roi mwy o sylw i sgiliau a thechnegau a chysyniadau. Mae'r llawlyfr hwn wedi'i baratoi yn benodol ar gyfer astudio **Tirweddau rhewlifedig** a **Pheryglon tectonig**.

Mae'r llawlyfr yn cynnwys dwy adran:

- Mae'r **Arweiniad i'r Cynnwys** yn crynhoi'r wybodaeth allweddol y mae angen i chi ei gwybod i allu ateb y cwestiynau arholiad ar dirweddau rhewlifedig a pheryglon tectonig yn ffeithiol gywir a thrylwyr. Rhoddir ystyr termau allweddol yn glir. Byddwch hefyd yn elwa o sylwi ar y Cyngor i'r arholiad, sy'n rhoi cymorth pellach ynghylch sut i ddysgu agweddau allweddol o'r cwrs. Mae'r adran Profi gwybodaeth wedi'i chynllunio i brofi dyfnder eich gwybodaeth.

- Mae'r adran **Cwestiynau ac Atebion** yn cynnwys cwestiynau enghreifftiol sy'n debyg i'r math o gwestiynau fyddai'n cael eu gofyn yn yr arholiad. Rhoddir atebion enghreifftiol gan fyfyrwyr i'r cwestiynau hyn yn ogystal â sylwebaeth fanwl. Bydd hyn yn cynnig arweiniad pellach o ran yr hyn y mae'r rhai sy'n marcio'r arholiad yn edrych amdano er mwyn dyfarnu marc da. Y ffordd orau i ddefnyddio'r llyfr hwn yw darllen drwy'r testun perthnasol i ddechrau cyn mynd ati i ymarfer ateb y cwestiynau. Peidiwch â chyfeirio at yr atebion a'r sylwadau hyd nes y byddwch wedi rhoi cynnig ar ateb y cwestiynau.

Dyma'r testunau sydd yn y llawlyfr hwn:

CBAC UG Uned 1 Tirweddau newidiol

- Adran A Tirweddau newidiol: Tirweddau rhewlifedig
- Adran B Peryglon tectonig

CBAC U2 Uned 4 Themâu cyfoes mewn daearyddiaeth

- Adran A Peryglon tectonig

Arweiniad i'r Cynnwys

Tirweddau Rhewlifedig

◼ Y rhewlif fel system

Ffurfiant iâ rhewlif

Mae iâ rhewlif yn cael ei ffurfio'n bennaf gan eira wedi'i gywasgu, gyda chyfraniadau llai gan fathau eraill o ddyodiad fel cenllysg (cesair) neu eirlaw sy'n rhewi'n uniongyrchol ar ben neu tu mewn i'r rhewlif.

Mae eira gronynnog (dwysedd 0.19 cm^{-3}) yn cael ei gywasgu fwy a mwy i ffurfio **névé** neu **ffirn**. Mae gwasgedd pellach yn arwain at newid y ffirn yn iâ rhewlif (dwysedd 0.9 cm^{-3}). Mae hwn wedyn yn cael ei anffurfio gan wasgedd pellach i lifo tuag allan (yn achos llen/cap iâ) neu i symud ar i lawr (yn achos rhewlif) dan ddylanwad **llif allwthiol** (*extrusion flow*).

Profi gwybodaeth 1

Diffiniwch y term 'ffirn'.

- Mae'r newid o bluen eira i ffirn yn gallu cymryd ychydig o ddyddiau (mewn ardaloedd tymherus), ond mae'n broses llawer arafach (hyd at 10 mlynedd) mewn ardaloedd pegynol.
- Mae'r broses derfynol i newid ffirn i iâ rhewlif yn gallu cymryd hyd at 25 mlynedd mewn ardaloedd tymherus, ond hyd at 150 mlynedd mewn ardaloedd pegynol.
- Mae'r broses o drawsffurfio eira i greu iâ yn gallu bod cyn lleihad â 100 mlynedd mewn rhai ardaloedd tymherus, ond mae'r broses yn gallu cymryd hyd at 4000 o flynyddoedd yn Antarctica.

Mewnbynnau ac allbynnau system rewlifol

Gellir ystyried rhewlifoedd yn systemau agored, gyda mewnbynnau ac allbynnau yn ogystal â rhyngweithio gyda systemau eraill fel yr atmosffer, y cefnforoedd, yr hydrosffer a'r dirwedd. O fewn system, ceir storfeydd amrywiol; yn yr achos hwn rhewlifoedd a masau iâ eraill, ac mae egni a deunyddiau yn cael eu trosglwyddo gan lifoedd/fflycsau (*fluxes*).

Cyngor i'r arholiad

Mae astudio systemau yn rhan hanfodol o'r fanyleb. Ewch ati i ddeall sut mae system yn gweithio fel eich bod yn gallu esbonio'r hyn sy'n digwydd (Ffigur 1).

Mae'r system yn cael ei gyrru gan fewnbynnau o egni gan yr haul, sy'n anweddu dŵr o'r cefnforoedd er mwyn ffurfio aergyrff. Mae'r aergyrff hyn yn gyfrifol am greu dyodiad (eira, eirlaw a chenllysg). Mae màs yn cyrraedd y system ar ffurf eira'n disgyn a malurion creigiau (mewnbynnau). Gan fod y màs hwn yn uchel ym maes disgyrchiant y Ddaear, mae ganddo **egni potensial** sy'n cael ei dreulio wrth i'r rhewlif lifo ar i lawr. Mae'r egni hwn yn cael ei ddefnyddio i gynhesu neu i doddi iâ. Yna, mae'n cael ei ryddhau o'r system ar ffurf gwres a dŵr (allbynnau). Tra bo hyn yn digwydd, mae egni potensial yn cael ei droi yn waith, gan drosglwyddo iâ a chreigiau o dir uchel tuag at dir is a'r cefnforoedd.

Profi gwybodaeth 2

Esboniwch pam bod modd i ni ystyried rhewlifoedd fel systemau **agored**.

Cydbwysedd màs rhewlif

Mae cydbwysedd màs yn cael ei ddiffinio fel yr enillion a'r colledion i'r storfa iâ yn y system rewlif.

Mae **croniad** yn digwydd o ganlyniad i eira neu fathau eraill o ddyodiad yn casglu. Mae cwympiadau iâ, eira yn cael ei chwythu o dir cyfagos neu eirlithradau o lethrau uwchlaw'r rhewlif hefyd yn achosi croniad.

Yna, bydd yr eira a'r iâ yn cael ei symud i lawr y dyffryn gan symudiad y rhewlif hyd nes i'r rhewlif gyrraedd ardaloedd is. Bydd y rhewlif yn dechrau toddi ac mae'r iâ yn cael ei golli o'r system. **Abladiad** (*ablation*) ydy'r enw ar y broses hon.

Mae abladiad yn digwydd o ganlyniad i doddi, anweddiad (sychdarthiad – *sublimation*) neu wrth i flociau iâ a mynyddoedd iâ (*icebergs*) dorri i ffwrdd o'r iâ wrth iddo gyrraedd lefel y môr. Bydd yr iâ yn **ymrannu** (*calving*) oddi wrth y llen iâ neu'r rhewlif.

Ar yr un pryd, ceir mewnbwn o falurion craig o ganlyniad i hindreuliad ac erydiad o'r llethrau sydd uwchlaw'r rhewlif. Mae'r malurion hyn yn cael eu trawsgludo a'u dyddodi fel allbwn rhewlifol ar ffurf marian a dyddodion eraill.

Mae Ffigur 1 yn dangos:
■ mae croniad yn fwy amlwg nag abladiad yn rhan uchaf y rhewlif
■ mae mwy o abladiad na chroniad yn rhan isaf y rhewlif
■ mae **pwynt ecwilibriwm** y rhewlif yn cael ei gyflawni lle mae croniad ac abladiad yn cydbwyso ei gilydd.

Mae rhewlifoedd yn systemau dynamig gan fod cymarebau mewnbynnau i allbynnau yn amrywio'n fawr rhwng rhewlifoedd. Maen nhw hefyd yn amrywio dros amser, yn y tymor byr a'r tymor hir.

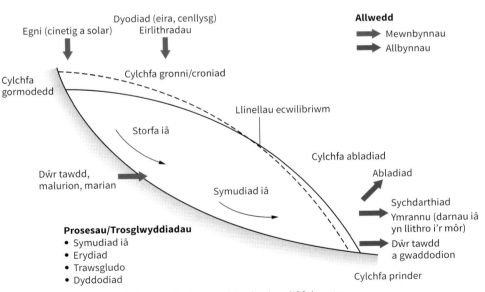

Ffigur 1 Cydbwysedd màs rhewlif fel system

Newidiadau tymor byr

Yn ddamcaniaethol, mae Ffigur 2 yn dangos y canlynol:
■ Os yw croniad yn fwy nag abladiad, sef y sefyllfa arferol yn ystod y gaeaf, mae'r rhewlif yn cynyddu mewn màs, h.y. **cyfundrefn gadarnhaol** i'r gyllideb rewlifol. Mae hyn yn achosi i'r rhewlif dyfu a'r blaen i **symud ymlaen**.

- I'r gwrthwyneb, yn yr haf pan fydd mwy o abladiad na chroniad (oherwydd cynnydd yn y tymheredd), mae gan y gyllideb rewlifol **gyfundrefn negyddol**. Mae hyn yn achosi i'r rhewlif grebachu, i leihau o ran maint neu i **ddyddodi gwaddodion**, ac felly mae'r blaen yn dechrau encilio.

- Os yw'r cydbwysedd **net** blynyddol yn sero, h.y. does dim gwahaniaeth rhwng croniad ac abladiad, mae'r rhewlif mewn theori yn debygol o aros yn **sefydlog** neu yn yr unfan.

- Hyd yn oed o fewn cyfnod o flwyddyn, mae newidiadau yn arwain at wahaniaethau yn y cydbwysedd. Bydd hyn yn debygol o arwain at weld effaith ym maint y màs rhewlifol.

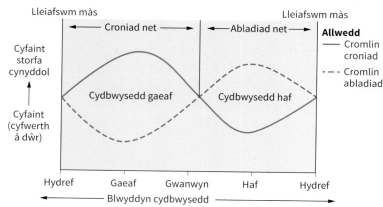

Ffigur 2 Model o gydbwysedd màs blynyddol rhewlif cyffredin. Noder: mae blwyddyn cydbwysedd màs yn rhedeg o hydref i hydref pan fo cyfaint màs iâ fel arfer ar ei leiaf.

Newidiadau tymor hir

Mae'r sefyllfa yn fwy cymhleth yn y tymor hir. Gellir cyfrifo'r cydbwysedd net blynyddol ar gyfer pob blwyddyn a chrynhoi'r tueddiadau drwy edrych ar y darlleniadau dros gyfnod o amser. Fel arfer, defnyddir degawd fel sail i hyn. Gellir cyfrifo'r **cydbwysedd net cronnus** (*cumulative net balance*) o'r tueddiadau tymor hir hyn.

Mae'r *Bench Mark Research Project* sy'n cael ei gynnal gan Arolwg Daearegol yr Unol Daleithiau (USGS) yn mesur newidiadau dros y tymor hir yng nghydbwysedd màs pedwar rhewlif meincnod. Y pedwar rhewlif yw Gulkana a Wolverine yn Alaska, South Cascade yn Nhalaith Washington, ac yn fwy diweddar, Sperry ym Montana (ers 2005). Mae'r rhewlifoedd hyn yn cael eu galw yn rhewlifoedd meincnod oherwydd bwriad y prosiect yw mesur ymateb pob rhewlif i newid hinsawdd drwy ddarparu cofnodion tymor hir o dueddiadau cydbwysedd màs blynyddol a chronnus. Mae'r methodolegau gwaith maes a dadansoddi yn defnyddio strategaethau cyffredin er mwyn gallu cymharu'r rhewlifoedd hyn. Mae'r pedwar wedi eu dewis fel sampl gynrychioliadol o rewlifoedd ledled UDA (gweler Ffigur 4).

Y tueddiadau tymor hir hyn sy'n pennu 'iechyd' y rhewlif ac yn rhagweld os bydd rhewlif yn cynyddu neu'n encilio. Ar hyn o bryd, rhagdybir (yn bennaf gan ddefnyddio data o loerennau) bod 75% o fasau iâ'r ddaear yn profi 'tueddiadau cynyddol' yn eu cydbwysedd net negyddol, a hynny bron yn sicr yn ganlyniad i newid hinsawdd tymor byr (roedd y cynnydd cyfartalog mewn tymheredd arwynebol yn 0.6°C yn y ganrif ddiwethaf, gyda chynnydd o dros 2°C yn ardaloedd pwysig yn Grønland a Phenrhyn Antarctica). Mae llenni iâ'r Arctig a dwyrain Antarctica yn teneuo a thoddi. Mae hynny yn ei dro wedi arwain at bryderon cynyddol ynghylch effaith codiadau byd-eang yn lefel y môr.

Profi gwybodaeth 3

Diffiniwch y term cydbwysedd net cronnus.

Cyngor i'r arholiad

Ewch ati i ymarfer cyfrifo cymedrau a chyfansymiau cydbwysedd màs. Bydd y sgiliau hyn yn cael eu profi yn eich arholiad Uwch Gyfrannol.

Adborth cadarnhaol a negyddol yn y system rewlifol

Mae effeithiau adborth yn gallu cynyddu neu leihau newidiadau, er enghraifft, mewn cydbwysedd màs rhewlifol.

Mae **adborth cadarnhaol** yn gallu arwain at newidiadau bychan yn y gyllideb rewlifol mewn sawl ffordd:

1 **Gorchudd eira ac iâ.** Bydd cynnydd bach yn y gorchudd o eira/iâ yn cynyddu albedo'r arwyneb (adlewyrchedd) fel bydd mwy o egni solar yn cael ei adlewyrchu'n ôl i'r gofod – gan arwain at oeri pellach, sy'n gallu arwain at fwy o eira, a thrwy hynny gynyddu'r gorchudd o iâ.

2 Mae **toddi'r gorchudd eira/iâ** wrth i'r hinsawdd gynhesu o ganlyniad i'r cynnydd mewn nwyon tŷ gwydr (e.e. allyriadau CO_2) yn lleihau'r albedo, ac mae methan yn cael ei ryddhau wrth i'r iâ parhaol doddi. Mae'r moroedd yn cynhesu, sy'n achosi i lenni iâ ymrannu, a hynny'n arwain at leihad pellach mewn gorchudd eira/iâ ac albedo arwyneb, gan leihau adlewyrchedd a chyflymu cynhesu pellach a cholli mwy fyth o iâ.

Mae **adborth negyddol** yn lleihau'r cyfraddau cynhesu neu oeri a hynny wrth gwrs yn effeithio ar y gorchudd o iâ. Bydd cynnydd pellach mewn cynhesu byd-eang yn arwain at fwy o anweddiad, ac felly mwy o orchudd cwmwl. Mae llygredd diwydiannol hefyd yn ychwanegu at hyn. Mae awyr mwy cymylog yn adlewyrchu mwy o egni solar yn ôl i'r gofod, gan leihau cynhesu byd-eang. Mae cynhesu byd-eang llai dwys yn debygol o arafu a lleihau'r broses o grebachu rhewlifoedd.

Mae dynameg llenni iâ ei hunan yn gallu tarfu ar **gylchrediad thermohalin** (*thermohaline circulation*). Mae dŵr cynhesach yn yr Arctig yn tarfu ar **Lif yr Arctig** ac mae hyn yn golygu bod llai o ddŵr cynnes o Lif y Gwlff yn cael ei dynnu tua'r gogledd i ogledd-orllewin Ewrop. Gallai amodau oerach o'r fath arwain at oeri byd-eang, gyda llai o ddŵr tawdd, cynnydd posibl mewn hyd rhewlifoedd a lleihad yn nifer y mynyddoedd iâ sy'n ymrannu yn y cefnforoedd.

Mae mecanweithiau adborth yn bwysig wrth gynnal y duedd tuag at amodau cynhesach neu oerach. Mae hyn yn creu cyfnodau rhewlifol a rhyngrewlifol, ynghyd ag is-gyfnodau a rhyng-gyfnodau mwy tymor byr fel y **Cyfnod Cynnes yn y Canol Oesoedd** a'r **Oes Iâ Fach** a ddigwyddodd yn y gorffennol. Mae'r digwyddiadau hyn a'u heffeithiau wedi eu cofnodi'n dda.

Profi gwybodaeth 4

Beth yw ystyr 'cylchrediad thermohalin'.

Cyngor i'r arholiad

Mae adborth yn un o'r cysyniadau allweddol o fewn maes daearyddiaeth systemau. Gwnewch yn siŵr eich bod yn ei ddeall yn iawn.

Crynodeb

- Mae'r system rewlifol yn cynnwys mewnbynnau, allbynnau, storfeydd a throsglwyddiadau egni a deunyddiau.
- Cydbwysedd màs yw enillion a cholledion y storfa iâ yn y system rewlifol.
- Mae newidiadau yn digwydd yn y mewnbynnau i'r rhewlif, a'r allbynnau ohono dros raddfeydd amser tymor byr (blynyddol) a thymor hir. Yn y tymor hir, mae'r cydbwysedd màs cronnus yn dangos cynnydd neu enciliad arwyddocaol.

- Mae'r pwynt ecwilibriwm yn cael ei gyrraedd pan fydd colledion drwy abladiad yn cael eu cydbwyso gan enillion drwy groniad.
- Y gyllideb rewlifol yw cynnydd ac enciliad blynyddol y rhewlif o ganlyniad i groniad ac abladiad. Mae cyfundrefn gadarnhaol yn achosi i'r rhewlif ehangu, tra bod cyfundrefn negyddol yn achosi iddo enciliad.
- Mae adborth cadarnhaol yn y system rewlifol yn cynyddu newidiadau, er enghraifft, yng nghydbwysedd màs rhewlifol, tra bod adborth negyddol yn lleihau newidiadau.

■ Y newid yn yr hinsawdd a'r gyllideb rewlifol dros raddfeydd amser gwahanol

Achosion y newid hinsawdd drwy'r Oes Iâ Gwaternaidd

Mae nifer o wyddonwyr yn dweud ein bod ar hyn o bryd yn byw yn yr Oes Iâ ddiweddaraf, sef yr Oes Iâ **Gwaternaidd**. Dechreuodd hon tua 2 filiwn o flynyddoedd yn ôl gyda chyfnod o oeri ar draws y byd ac amodau **tŷ iâ** (term sy'n cyfateb i amodau tŷ gwydr mewn cyfnod cynhesach) ar derfyn y cyfnod Trydyddol. Mae theorïau diweddar yn awgrymu bod tectoneg platiau wedi creu'r amodau priodol i ddechrau'r Oes Iâ drwy leoli Antarctica fel cyfandir ar ei ben ei hun ym Mhegwn y De.

Mae'r cyfnod Cwaternaidd yn cael ei rannu'n ddau gyfnod o amser daearegol, er bod nifer o ymchwilwyr yn dadlau y dylid ychwanegu trydydd cyfnod, sef **Anthroposen** (*Anthropocene*), sy'n llwyr dan ddylanwad pobl a'u gweithgareddau.

1 Mae'r cyfnod **Pleistosen** yn cwmpasu'r cyfnod o gychwyn y Cyfnod Cwaternaidd hyd at tua 11,5000 mlynedd yn ôl pan ddaeth y rhewlif cyfandirol mwyaf diweddar i ben.

2 Mae'r cyfnod **Holosen** (*Holocene*) yn gyfnod rhyngrewlifol (sef y cyfnod rydym yn byw ynddo heddiw) ac mae'n debyg yn hinsoddol i gyfnodau rhyngrewlifol blaenorol. Mae'n nodedig am ddechreuad a thwf y gwareiddiad dynol, yn enwedig amaethyddiaeth a thwf diwydiant.

Mae Ffigur 3 yn crynhoi nodweddion y Cyfnod Pleistosen – ar raddfa amser daearegol, gellir ei adnabod fel un oes iâ, ond fel y mae'r ffigur yn ei ddangos, bu sawl cyfnod rhewlifol (amodau **tŷ iâ** oer) a rhyngrewlifol (amodau **tŷ gwydr** cynhesach).

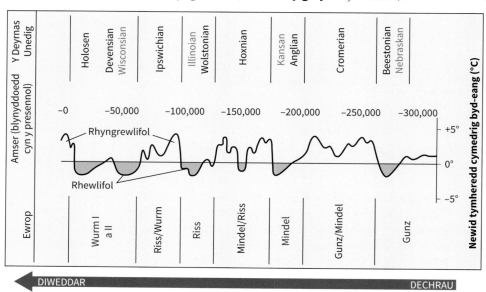

Ffigur 3 Cronoleg yr Oesoedd Iâ

Mae Ffigur 3 hefyd yn dangos nifer o amrywiadau sy'n digwydd dros wahanol raddfeydd amser o fewn y prif gyfnodau rhewlifol/rhyngrewlifol. Gelwir y cyfnodau byrrach o oerni dwys yn **is-gyfnodau rhewlifol** (*stadial periods*), gyda chyfnodau byrrach o gynhesrwydd cymharol, a elwir yn **rhyng-gyfnodau cynhesol** (*interstadial periods*). Mae data diweddar a gasglwyd drwy samplu creiddiau iâ yn awgrymu bod rhai o'r amrywiadau mwyaf mewn tymheredd wedi digwydd yn sydyn iawn.

Achosion cylchredau rhewlifol a rhyngrewlifol tymor hir

Mae newidiadau tymor hir yng nghylchdro'r Ddaear o amgylch yr Haul yn cael eu hystyried ar hyn o bryd fel prif achos yr osgiliadau rhwng amodau rhewlifol ac amodau rhyngrewlifol. Mae **theori Milankovitch** yn seiliedig ar y cysyniad fod cyfnodau rhewlifol yn cael eu **gorfodi o ganlyniad i gylchdro'r Ddaear a digwyddiadau yn y gofod** (*orbital/astronomic forcing*). Mae'r theori yn ystyried tair prif nodwedd o gylchdro'r Ddaear:

1 **Echreiddiad yr orbit** (*orbit eccentricity*): mae'r orbit yn newid o fod yn eliptigol i fod yn fwy crwn ac yn ôl eto dros gyfnod o tua 100,000 o flynyddoedd, gan newid faint o belydriad gaiff ei dderbyn o'r haul (ystyrir mai dyma'r brif ffactor).

2 Mae **gogwydd yr echel** yn amrywio o 21.8° i 24.4° (mae'r gogwydd ar hyn o bryd yn 23.5°) dros gyfnod o tua 41,000 o flynyddoedd. Mae hyn yn newid arddwysedd golau'r haul yn y pegynau ac felly natur dymhorol hinsawdd y Ddaear. Y mwyaf ydy'r gogwydd hwn, yna'r mwyaf ydy'r gwahaniaeth rhwng haf a gaeaf.

3 Mae'r Ddaear yn '**siglo**' ar ei hechel (yn debyg i chwyrligwgan), gan newid y pwynt yn ystod y flwyddyn pan fo'r Ddaear agosaf at yr haul sef **presesiad echelinol** (*axial precession*), dros gyfnod o 21,000 o flynyddoedd. Mae hyn yn achosi newidiadau tymor hir o ran amseriad y gwahanol dymhorau ar hyd llwybr orbitol y Ddaear.

Mae'r tair cylchred orbitol yn gallu cyfuno i leihau faint o egni solar sy'n cyrraedd hemisffer y gogledd yn ystod yr haf (bydd hyn yn arwain at hafau oerach yn gyffredinol).

Yn cefnogi theori Milankovitch mae'r ffaith bod cyfnodau rhewlifol i bob pwrpas wedi digwydd yn gyson bob rhyw 100,000 o flynyddoedd. Fodd bynnag, mae gwir effaith y newidiadau orbitol gyda'i gilydd ar faint a dosbarthiad pelydriad solar yn fach – dim ond yn ddigonol efallai i newid tymereddau byd-eang o 0.5°C i 1°C.

Er mwyn egluro newidiadau mwy mewn tymheredd o hyd at 5°C oedd eu hangen i'r iâ ehangu neu doddi ar raddfa eang, rhaid edrych ar **fecanweithiau adborth** hinsawdd (*climate feedback mechanisms*).

I gloi, mae nifer o wyddonwyr yn gweld cylchredau Milankovitch fel ysgogiad posibl i newidiadau rhwng amodau tŷ iâ a thŷ gwydr mawr. Ond mae angen mecanweithiau adborth er mwyn cynnal y symudiad at naill ai'r amodau oerach neu'r amodau cynhesach a achosodd y cyfnodau rhewlifol a rhyngrewlifol (gweler t. 9).

Esboniadau posibl am amrywiadau tymor byr

Fel y gwelir yn Ffigur 3, mae gan gyfnodau rhewlifol a rhyngrewlifol amrywiadau o'u mewn, gyda chyfnodau cyson o gynhesu (rhyng-gyfnodau) ac oeri (is-gyfnodau). Yn ogystal â'r cyfuniad o effeithiau o fewn cylchredau Milankovitch, mae nifer o ffactorau wedi eu cynnig i esbonio'r amrywiadau tymor byr hyn.

Cyngor i'r arholiad

Mae egluro cylchredau hinsawdd dros y tymor hir yn gymhleth. Dysgwch y ffeithiau yn fanwl a gwnewch asesiad gofalus o'r dystiolaeth. Bydd angen i chi ystyried beth yw'r achosion.

Gorfodi solar

Mae'r egni sy'n cael ei anfon allan gan yr haul yn amrywio yn ôl nifer a dwysedd y smotiau haul (*sunspots*) sef smotiau tywyll ar arwyneb yr Haul sydd wedi'u hachosi gan stormydd magnetig grymus. Mae yna nifer o gylchredau o weithgaredd smotiau haul sy'n amrywio o ran hyd, gan gynnwys 'y gylchred smotiau haul 11 mlynedd'. Mae cofnodion dibynadwy ynghylch gweithgaredd smotiau haul dros y 400 mlynedd diwethaf gyda pheth gwybodaeth am y 2000 mlynedd diwethaf. Digwyddodd y *Maunder Minimum*, cyfnod hir heb unrhyw weithgaredd smotiau haul rhwng 1645 a 1715, pan oedd yr Oes Iâ Fach yn ei hanterth. Mae'r Cyfnod Cynnes yn ystod y Canol Oesoedd wedi ei gysylltu â gweithgaredd smotiau haul mwy grymus. Yr anhawster gyda'r esboniad hwn yw mai 0.1% yn unig yw cyfanswm yr amrywiad mewn pelydriad solar a achoswyd gan weithgaredd smotiau haul, ac nid yw hynny, ar ei ben ei hun, yn ddigon i esbonio'r amrywiadau yn yr hinsawdd. Er hynny, mae rhai gwyddonwyr yn awgrymu y gellir priodoli tua 20% o gynhesu yn ystod yr ugeinfed ganrif i amrywiadau mewn egni solar.

Achosion folcanig

Mae gweithgaredd folcanig ffyrnig yn gallu newid hinsawdd ar draws y byd. Mae echdoriadau folcanig gyda Mynegrif Ffrwydroldeb Folcanig (*Volcanic Explosivity Index – VEI*) uchel o >4 yn taflu meintiau enfawr o ludw, sylffwr deuocsid, anwedd dŵr a CO_2 i'r atmosffer (aerosolau folcanig) sy'n cael eu gwasgaru o amgylch y ddaear gan wyntoedd ar lefel uchel. Yn 1815, cafodd 200 miliwn tunnell (metrig) o SO_2 ei daflu i'r atmosffer o Tambora yn Indonesia, ac yn y 2–3 blynedd ganlynol, cofnodwyd tymereddau oedd 0.4–0.7°C yn is na'r arferol. Felly roedd oeri byd-eang am gyfnod byr.

Newidiadau yn y gyllideb rewlifol dros amser hanesyddol: Yr Oes Iâ Fach

Yr Oes Iâ Fach oedd yr amrywiad neu'r newid rhewlifol hiraf yn ystod y cyfnod diweddar. Roedd Cyfnod Cynnes y Canol Oesoedd yng nghanol y bedwaredd ganrif ar ddeg ac fe'i dilynwyd gan yr Oes Iâ Fach. Dros rannau helaeth o'r Ddaear, roedd y cyfnod rhwng 1350 a 1900 OC ychydig yn oerach, efallai ar gyfartaledd rhwng 1.0°C a 2.0°C is na'r presennol. Fodd bynnag, bu cyfnod o amodau oer iawn yn fyd-eang rhwng 1550 a 1750 OC – yr Oes Iâ Fach. Roedd hwn yn ddigwyddiad byd-eang.

Mae cofnodion dirprwyol (*proxy records*) o ddogfennau a phaentiadau hanesyddol yn ychwanegu manylion i'n gwybodaeth o hinsawdd y gorffennol a'i heffeithiau. Roedd yr effeithiau hyn yn cynnwys:

■ nifer mawr o ffermydd mynyddig yn Sgandinafia a Gwlad yr Iâ wedi eu gadael yn wag.
■ sawl rhewlif yn Ewrop wedi ailddechrau symud i lawr y dyffrynnoedd, gan fod yr Oes Iâ Fach yn gyfnod o gydbwysedd màs net cadarnhaol yn bennaf. Gadawyd marianau terfynol amlwg wedyn wrth i'r rhewlifoedd encilio, ond digwyddodd hyn ar adegau gwahanol o amgylch y byd.
■ iâ môr yr Arctig wedi lledaenu tua'r de gydag eirth gwyn i'w gweld yn gyffredin yng Ngwlad yr Iâ.
■ afonydd yn y DU a gwastadeddau Ewrop ynghyd â harbwr Efrog Newydd wedi rhewi.
■ pobl yn mwynhau gêm o *curling* yn yr Alban ar lynnoedd ac afonydd oedd wedi rhewi.

Fel gyda llawer o ryng-gyfnodau ac is-gyfnodau ar raddfa amser canolig, nid oes yr un esboniad syml i'w gael. Mae yna gysylltiad pendant gyda gweithgaredd smotiau haul. Fe welir bod cyfnodau gyda smotiau haul grymus yn cyd-daro â chyfnodau cynhesach. Yn ystod y *Maunder Minimum* (dim gweithgaredd smotiau haul) gwelwyd gostyngiad mewn tymheredd a dyfodiad yr Oes Iâ Fach.

Profi gwybodaeth 5

Gan ddefnyddio enghreifftiau, esboniwch beth yw ystyr y term 'cofnod dirprwyol'.

Mae rhai rhewlifwyr (pobl sy'n astudio'r maes hwn) yn gweld yr Oes Iâ Fach fel dechreuad is-gyfnod newydd ac yn dadlau mai allyriadau CO_2 a mwg o gyfnod dechreuol y Chwyldro Diwydiannol a arweiniodd at y cynhesu diweddar, gan rwystro'r Oes Iâ Fach rhag parhau.

Fodd bynnag, mae nifer o wyddonwyr yn credu mai dolennau adborth (*feedback loops*) yw'r dylanwad allweddol sy'n gyfrifol am ddyfodiad is-gyfnod. Mae newidiadau i'r llif o ddŵr halen ar draws cefnforoedd, sef y cylchrediad thermohalin hefyd yn ffactor tebygol. O ganlyniad i ddargyfeirio neu rwystro llif dŵr halen cynnes Gogledd yr Iwerydd fe welwyd gostyngiad yn y tymheredd mewn ardaloedd yn hemisffer y gogledd. Fe arweiniodd y gostyngiad hwn at gynnydd yn nifer y rhewlifoedd. Y broblem gyda'r esboniad hwn yw bod yr Oes Iâ Fach yn ddigwyddiad byd-eang.

Cylchredau tymhorol a'u heffaith ar y gyllideb rewlifol

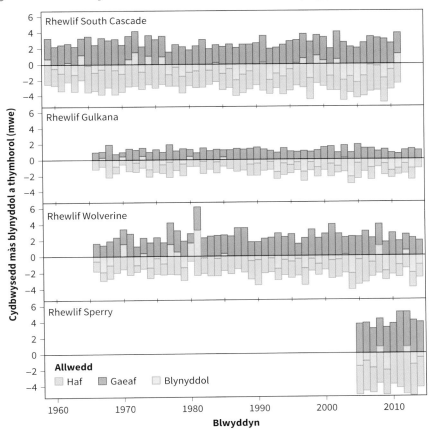

Ffigur 4 Cylchredau tymhorol y pedwar rhewlif meincnod yn UDA

Mae Ffigur 4 yn dangos sut mae'r pedwar rhewlif meincnod yn amrywio, yn enwedig o edrych ar amrediad eu cylchredau tymhorol.

Mae gan bron pob rhewlif gydbwysedd màs cadarnhaol yn y gaeaf, pan mae croniad yn fwy nag abladiad, a chydbwysedd màs negyddol yn yr haf. Mae'r maint yn amrywio yn ofodol ac amserol, a bydd hyn yn effeithio ar y cydbwysedd net, h.y. y gwahaniaeth rhwng mesuriadau'r haf a'r gaeaf.

Tymheredd yw'r prif reswm am hyn – mae tymheredd is y gaeaf yn achosi mwy o groniad eira. I'r gwrthwyneb, yn yr haf mae cynnydd mewn tymheredd yn arwain at abladiad sylweddol, gydag anweddiad o wyneb y rhewlif a cholledion dŵr tawdd. Dim ond cyfres o aeafau caled neu hafau poeth iawn sydd eu hangen i achosi amrywiadau sylweddol yn y cydbwysedd net blynyddol.

Dyma'r esboniad syml, ond mae nifer o newidynnau eraill sy'n cymhlethu'r mater, fel faint o falurion sy'n gorchuddio'r rhewlif, uchder y rhewlif, lledred y rhewlif neu i ba raddau mae'r hinsawdd yn cynhesu.

Crynodeb

- Mae newidiadau tymor hir yn cael eu galw yn gyfnodau rhewlifol a rhyngrewlifol, tra bod amrywiadau tymor byr yn cael eu galw yn is-gyfnodau a rhyng-gyfnodau.
- Gall newidiadau tymor hir yng nghylchdro'r Ddaear o amgylch yr haul (yn ôl theori Milankovitch sef echreiddiad, gogwydd yr echel a 'siglad' y Ddaear) achosi newidiadau mawr. Ond, mae angen mecanweithiau adborth hinsawdd er mwyn cynnal y symudiad tuag at amodau oerach neu gynhesach gan achosi cyfnodau rhewlifol a rhyngrewlifol.

- Mae ffactorau eraill sy'n achosi amrywiadau tymor byr, gan gynnwys gorfodi solar, echdoriadau folcanig a'r mecanweithiau adborth sy'n gysylltiedig â nhw.
- Mae achosion y newidiadau yn y gyllideb rewlifol dros gyfnod o amser, fel yn ystod yr Oes Iâ Fach (1550–1750 OC) fyd-eang, yn gymhleth. Mae'n bosibl eu bod y cynnwys gweithgaredd smotiau haul, effeithiau'r Chwyldro Diwydiannol, newidiadau i'r cylchrediad thermohalin yn ogystal â'r mecanweithiau adborth.
- Mae newidiadau tymhorol yn ganlyniad i newidiadau tymheredd yn bennaf, sy'n achosi croniad yn y gaeaf ac abladiad a thoddi yn yr haf.

■ Symudiad rhewlif

Systemau rhewlifol

Mae **system thermol** (*thermal regime*) rhewlif yn effeithio'n sylweddol ar symudiad y rhewlif, prosesau rhewlifol a'r tirffurfiau o ganlyniad.

Yn draddodiadol, mae rhewlifoedd wedi cael eu dosbarthu'n rhewlifoedd gwaelod cynnes (tymherus) a rhewlifoedd gwaelod oer (pegynol). Mae rhewlifoedd gwaelod cynnes neu wlyb i'w gweld mewn ardaloedd Alpaidd ac ardaloedd is-Arctig.

- Mae **rhewlifoedd gwaelod oer** i'w gweld yn y lledredau uwch, yn enwedig yn Antarctica a Grønland. Mae tymheredd cyfartalog yr iâ fel arfer yn llawer is na 0°C gan fod tymheredd arwynebol mor isel â −20°C a −30°C. Nid yw'r gwres o ffynonellau geothermol yn ddigonol i godi'r tymheredd ar waelod y rhewlif i 0°C, gan fod yr iâ yn gallu bod hyd at 500 m o drwch. Nid oes llawer o iâ arwynebol yn toddi yn y pegynau yn ystod yr haf byr a chlaear, felly ychydig iawn o ddŵr tawdd sydd yn trylifo i lawr. Mae'r rhewlif wedi rhewi'n barhaol i'w wely, felly does dim haen waelodol â llawer o falurion.

- Tu allan i'r rhanbarth pegynol, fel ardaloedd mynyddig uchel, mae'r rhan fwyaf o rewlifoedd yn **rhewlifoedd gwaelod cynnes**. Mae tymheredd yr haen arwynebol yn amrywio uwchlaw ac islaw'r ymdoddbwynt, gan ddibynnu ar yr adeg o'r flwyddyn, tra bod tymheredd gweddill yr iâ sy'n ymestyn i lawr tuag at y gwaelod, yn agos at yr ymdoddbwynt. O ganlyniad i'r cynnydd yng ngwasgedd yr iâ gorchuddiol, mae dŵr fel hylif ar dymheredd islaw 0°C, gan achosi i'r iâ gwaelodol

Profi gwybodaeth 7

Ewch ati i baratoi rhestr o'r gwahaniaethau rhwng rhewlifoedd tymherus a rhewlifoedd pegynol (cofiwch ddefnyddio Ffigur 5).

doddi'n barhaus. Mae effeithiau gwasgedd, egni geothermol a thrylifiad dŵr tawdd yn cyfrannu at atal y rhewlif rhag rhewi i'w wely. Mae gan y rhewlif lawer o falurion yn ei haenau gwaelodol, ac mae arweddion dyddodol tanrewlifol arwyddocaol. Mae Ffigur 5 yn crynhoi proffiliau tymheredd cyferbyniol y ddau fath o rewlif a'r hyn sy'n rheoli'r tymheredd o fewn rhewlif.

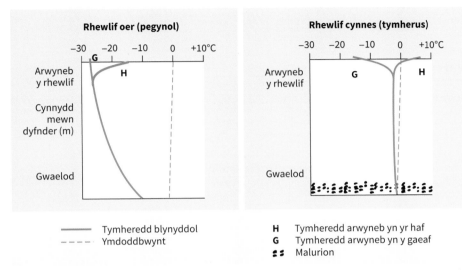

Ffigur 5 Proffiliau tymheredd cyferbyniol rhewlifoedd tymherus a rhewlifoedd pegynol

Mae yna drydydd dosbarth i'r dosbarthiad o rewlifoedd sef y rhewlif **polythermol** hybrid. Yn yr achos hwn, mae gwaelod y prif rewlif yn gynnes (gwlyb) ond gwaelod ei ymylon yn oer. Mae nifer o rewlifoedd mawr â gwaelod oer yn eu rhannau uwch ond â gwaelod cynnes yn is i lawr, wrth iddyn nhw ymestyn i gylchfaoedd hinsoddol cynhesach – mae hyn yn ddigwyddiad cyffredin yn Svalbard. Gall y system thermol waelodol amrywio yn lleol yn ôl trwch yr iâ, siâp y gwely oddi tano, graddiant a gwahaniaethau ym maint y gwasgedd ger y gwaelod. Mae gan rewlifoedd polythermol haenau iâ gwaelodol trwchus gyda llawer o falurion yn eu rhannau isaf, yn aml gyda llawer o sianelau dŵr tawdd ar eu hymylon ac oddi tanyn nhw, ac maen nhw'n cynhyrchu marianau twmpathog.

Gall rhewlifoedd **ymchwydd** (*surging glaciers*) neu **nentydd iâ** ddigwydd mewn rhewlifoedd gwaelod cynnes, gwaelod oer neu bolythermol, gyda'r rhewlif yn symud hyd at 100 m y dydd (e.e. rhewlifoedd yn Grønland sy'n symud tua 30 m y dydd ar gyfartaledd) gyda llawer iawn o **ymrannu** (*calving*) yn digwydd (gweler t. 18).

Symudiad rhewlif

Disgyrchiant yw'r prif achos dros symudiad iâ. Mae iâ yn symud i lawr llethr o diroedd uchel i ardaloedd is sydd ar dir neu fôr. Wrth i'r iâ gronni dros amser yn y gylchfa gronni, mae pwysau'r eira a'r iâ yn creu grym cynyddol i lawr y dyffryn o ganlyniad i ddisgyrchiant – **straen croeswasgiad** (*shear stress*). Mae'r straen croeswasgiad hwn yn cynyddu wrth i ongl y llethr gynyddu, a phan fo'r straen croeswasgiad yn ddigonol i oresgyn grymoedd gwrthsafol fel cryfder iâ a ffrithiant, mae iâ'r rhewlif yn 'tynnu i ffwrdd' ac yn symud i lawr ac i ffwrdd o'r ardal gronni. Mae momentwm symudiad yr iâ i lawr tuag at yr ardal abladu yn atal mwy o iâ rhag cronni, a thrwy hynny'n cynnal y rhewlif mewn stad o **ecwilibriwm dynamig** gydag ongl y llethr. Mae'r symudiad hwn o iâ rhewlifol o'r craidd mynyddig tuag at yr ymylon/blaen y rhewlif yn digwydd pa un ai yw'r rhewlif yn ei gyfannrwydd yn cynyddu neu'n encilio. Felly, mae cyflymder symudiad y rhewlif yn ei flaen yn dibynnu ar raddfa'r anghydbwysedd tu mewn, neu'r graddiant rhwng, yr ardal gronni a'r ardal abladu.

- Mae **rhewlifoedd cynnes, gwaelod gwlyb** mewn ardaloedd o hinsawdd dymherus arforol yn derbyn mwy o eira yn y gaeaf ac yn profi abladiad cyflymach yn yr haf. Mae'r anghydbwysedd rhwng y cylchfaoedd cronni ac abladu yn fwy. O ganlyniad, mae iâ'r rhewlif yn symud yn gyflymach i lawr y llethr er mwyn cynnal yr ecwilibriwm gydag ongl y llethr.
- Mae gan **rewlifoedd gwaelod oer** gyfraddau cronni ac abladu arafach sy'n arwain at raddiant ecwilibriwm llai ynghyd â symudiad iâ arafach. Mae Ffigur 1 ar dudalen 7 yn dangos **ecwilibriwm rhewlif**.

Mae amrywiadau eraill o ran cyflymder symudiad y rhewlif yn digwydd o ganlyniad i wahaniaethau yn natur y sylfaen (y gwaelod) y mae'r rhewlif yn gorffwys arno a natur ei waelod ei hunan. Mae hyn yn ei dro yn penderfynu pwysigrwydd cymharol y tair proses sy'n hwyluso symudiad rhewlif sef **llithro gwaelodol, anffurfiad mewnol** ac **anffurfiad gwely tanrewlifol**.

Llithro gwaelodol

Mae **llithro gwaelodol** (*basal sliding*) yn gysylltiedig â phresenoldeb dŵr tawdd o dan y rhewlif. Mae'r math hwn o symudiad iâ yn digwydd gyda rhewlifoedd gwaelod cynnes. Dydy hyn ddim yn digwydd pan mae rhewlif wedi rhewi i'w wely. Mae'r dŵr tawdd yn gweithredu fel iraid, yn lleihau ffrithiant gyda'r malurion gaiff eu cludo gan y rhewlif a'r creigwely gwaelodol (gelwir hyn yn llithriad). Mae'n gallu cyfrif hyd at 75% o symudiad rhewlif mewn rhewlifoedd gwaelod cynnes.

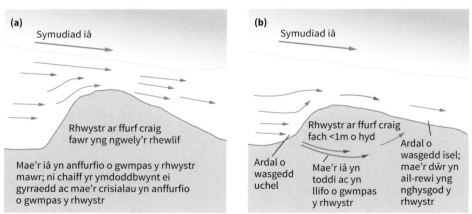

Ffigur 6 Llithro gwaelodol: (a) mwy o ymgripiad gwaelodol, (b) llithriad adrewiad (*regelation slip*)

Mae yna *ddwy* broses sy'n galluogi rhewlifoedd i lithro dros eu gwelyau (Ffigur 6):

1. **Mwy o ymgripiad gwaelodol**, ble mae iâ gwaelodol yn anffurfio o gwmpas unrhyw afreoleidd-dra ar arwyneb y creigwely.
2. **Llithriad adrewiad**, sy'n digwydd wrth i iâ gwaelodol anffurfio o dan wasgedd wrth ddod ar draws rhwystrau fel 'grisiau o graig'. Wrth i'r rhewlif symud dros y rhwystr, mae'r gwasgedd ar yr iâ gwaelodol yn cynyddu i fyny'r rhewlif, gan achosi iddo ailffurfio o ganlyniad i doddi o dan y gwasgedd hwn. Unwaith mae'r rhewlif wedi llifo dros y rhwystr mae'r gwasgedd yn lleihau ac mae'r dŵr tawdd yn ail-rewi.

Anffurfiad mewnol

Nid yw rhewlifoedd pegynol gwaelod oer yn gallu symud drwy lithriad gwaelodol gan fod eu tymheredd gwaelodol yn is na'r ymdoddbwynt. Yn hytrach, maen nhw'n symud drwy anffurfiad mewnol (*internal deformation*), sydd â dwy brif elfen:

1 Llif rhyng-ronynnol (*intergranular flow*) lle mae crisialau iâ unigol yn anffurfio ac yn symud mewn perthynas â'i gilydd.

2 Llif laminaidd (*laminar flow*), lle mae haenau unigol o iâ yn symud o fewn y rhewlif.

Mae anffurfiad iâ o ganlyniad i straen yn cael ei alw'n **ymgripiad iâ** (*ice creep*), ac mae'n digwydd o ganlyniad i'r cynnydd yn nhrwch yr iâ ac/neu ongl y llethr arwynebol. Mewn rhai achosion ble nad ydy ymgripiad iâ yn gallu ymateb yn ddigon cyflym i'r straen, mae **ffawtio iâ** (*ice faulting*) yn digwydd, gan greu mathau gwahanol o grefasau ar yr wyneb.

Pan mae graddiant y llethr yn cynyddu, bydd symudiad yr iâ yn cyflymu a bydd **llif estynnol** (*extensional flow*). Mae hyn yn gallu digwydd yn y gylchfa gronni ac yn gallu arwain at **gwymp iâ** (*ice fall*). Gan fod cynifer o grefasau ger y gylchfa abladu, lle mae lleihad fel arfer yn ongl y llethr, mae'r iâ yn arafu ac mae yna **lif cywasgol** (*compressional flow*), sy'n creu cyfres o ffawtiau gwthio yn yr iâ, gyda chrefasau wedi eu cau.

Anffurfiad gwely tanrewlifol

Mae **anffurfiad gwely tanrewlifol** (*subglacial bed deformation*) yn digwydd yn lleol pan fydd rhewlif yn symud dros graig weddol wan neu anghyfnerthedig, ac mae'r gwaddod ei hunan yn gallu anffurfio o dan bwysau'r rhewlif, gan symud yr iâ 'ar ei ben' gydag ef. Yn lleol, mae'r broses hon yn aml yn gyfrifol am hyd at 90% o symudiad iâ rhewlif yn ei flaen mewn rhewlifoedd polythermol, fel yng Ngwlad yr Iâ.

Cyflymder symudiad iâ rhewlifol

Mae cyflymder symudiad rhewlif yn ganlyniad i gyfuniad o'r prosesau a ddisgrifir uchod.

Mae gan rewlifoedd gwaelod cynnes gyflymder cyffredinol uwch na rhewlifoedd gwaelod oer gan eu bod hefyd yn cael eu heffeithio gan lithriad gwaelodol yn ogystal â'r anffurfiad mewnol a'r llif sy'n effeithio ar y ddau fath. Mae cyflymder yn cynyddu fwy fyth pan fydd rhewlif gwaelod cynnes yn symud dros waddodion y gellir eu hanffurfio.

Mae arsylwadau o rewlifoedd ar draws y byd wedi dangos amrywiaeth mawr o ran cyflymder symudiad iâ rhewlif, gyda chyflymder y mwyafrif o rewlifoedd rhwng 3 metr a 300 metr y flwyddyn.

Mae yna sawl ffactor sy'n effeithio ar gyflymder y symudiad:

■ uchder, sy'n effeithio ar fewnbynnau tymheredd a dyodiad

■ llethr, sy'n gallu bod yn uniongyrchol gysylltiedig â llif – mae llethrau mwy serth yn arwain at symudiad cyflymach

■ litholeg, sy'n gallu effeithio ar brosesau gwaelodol a'r posibilrwydd o anffurfiad gwely tanrewlifol

■ maint, sy'n gallu effeithio ar ba mor gyflym mae'r rhewlif yn ymateb

■ cydbwysedd màs, sy'n effeithio ar ecwilibriwm y rhewlif ac yn penderfynu os yw'r rhewlif yn cynyddu neu'n encilio.

Profi gwybodaeth 8

Ewch ati i grynhoi beth yw effaith system dymheredd y rhewlif ar symudiad y rhewlif.

Ymchwydd rhewlifol

Mae **ymchwydd rhewlifol** (*glacial surge*) yn nodwedd gyffredin o rewlifoedd yn Alaska. Mae ymchwyddau rhewlifol yn gyfnodau o symudiad cyflym lle mae blaen y rhewlif yn symud ymlaen hyd at 1,000 gwaith yn gyflymach nag arfer. Maen nhw'n digwydd o ganlyniad i newid ym mhatrwm llif y dŵr tawdd tanrewlifol.

- Mae dŵr yn cronni o dan y rhewlif yn ystod cyfnod o lif rhewlifol arferol ac mae cynnydd ym maint a thrwch yr iâ yn yr ardal gronni.
- Yn ystod y gaeaf, mae sianelau dŵr tawdd tanrewlifol wedi'u cau – gan gynyddu'r croniad iâ.
- Yn ystod yr haf, mae pwysau'r croniad iâ gymaint fel nad ydy'r sianelau tanrewlifol yn agor.
- Mae ymdoddbwynt gwasgedd a dŵr tanrewlifol yn gwahanu'r iâ gwaelodol o'i wely, gan ei iro ac achosi i'r iâ gorchuddiol lifo'n fwy rhwydd.
- Mae cyflenwad mawr o ddŵr yn cynyddu gwasgedd yn y mandyllau dŵr yn y gwaddodion tanrewlifol sy'n cyflymu'r symudiad.
- Mae'r ymchwydd yn digwydd wedyn mae'r rhewlif yn dychwelyd i'w lif naturiol – mae'r gylchred hon yn digwydd mor aml a phob 10–20 mlynedd.

Mae rhewlifwyr wedi gwneud ymchwil i gyflymder rhewlifoedd ledled y byd. Er mwyn mesur cyflymder wyneb y rhewlif, maen nhw'n gyrru cyfres o bolion i mewn i'r wyneb ac yna'n cofnodi safle'r polion hynny'n flynyddol. Mae'n anoddach mesur cyfradd symudiad y rhewlif o dan yr wyneb. Datblygodd Perutz gyfres o bolion hyblyg i wneud y gwaith hwn. Roedd y symudiad ar ei gyflymaf yn union o dan yr wyneb. Yn y naill achos a'r llall, gellir gweld effaith ffrithiant ar waelod y rhewlif ac ochrau'r dyffrynnoedd.

Crynodeb

- Mae rhewlifoedd gwaelod oer i'w gweld yn y lledredau uchel ac maen nhw'n symud yn fwy araf drwy anffurfiad mewnol, tra bod rhewlifoedd gwaelod cynnes i'w gweld mewn rhanbarthau tymherus ac maen nhw'n symud yn gyflym drwy lithriad gwaelodol.
- Prif achos symudiad iâ yw disgyrchiant, gyda chyfradd y symudiad yn ddibynnol ar raddfa'r anghydbwysedd neu'r graddiant rhwng y gylchfa gronni a'r gylchfa abladu.
- Mae symudiadau rhewlifol yn cynnwys anffurfiad mewnol, llithriad gwaelodol, anffurfiad gwely tanrewlifol, ymchwyddiadau a llif cywasgol/estynnol.

■Amgylcheddau rhewlifol a'u dosbarthiad

Y **cryosffer** yw'r rhannau hynny o gramen ac atmosffer y Ddaear sydd â thymheredd o dan 0°C am o leiaf rhan o bob blwyddyn. Mae'n cynnwys llenni iâ a rhewlifoedd, yn ogystal ag iâ môr, iâ llyn, iâ daear (iâ parhaol) a gorchudd eira. Mae màs ac egni yn cael eu cyfnewid yn gyson rhwng y cryosffer a phrif gydrannau eraill systemau'r Ddaear: yr hydrosffer, y lithosffer, yr atmosffer a'r biosffer. Mae rhewlif yn faromedr gweledol da o newid hinsawdd gan ei fod yn tyfu/cynyddu neu'n crebachu/encilio mewn ymateb i newidiadau mewn tymheredd a dyodiad.

Mathau o fàs iâ ac amgylcheddau rhewlifol

Mae Tabl 1 yn dangos sut y gellir dosbarthu masau iâ yn ôl eu harweddion morffolegol, eu maint a'u lleoliad.

Cyngor i'r arholiad

Bydd angen i chi wybod a deall yr amrywiaeth o dirweddau rhewlifol sy'n bodoli.

Tabl 1 Màs iâ – gwahanol fathau

Math o fàs iâ	Disgrifiad	Maint mewn km²	Graddfa cyfyngu*	Enghraifft
Llen iâ	Topograffi rhanbarthol wedi'i orchuddio'n llwyr, ffurfio cromen iâ â llethrau esmwyth sy'n sawl cilometr o drwch yn y canol	100,000– 10 miliwn	D	Grønland ac Antarctica
Cap iâ	Meddiannu ardaloedd uwchdirol, fersiwn llai o faint na llen iâ. Rhewlifoedd yn draenio llenni iâ a chapiau iâ	3–10,000	D	Vatnajokull (Gwlad yr Iâ)
Maes iâ	Iâ yn gorchuddio ardal uwchdirol ond heb fod ddigon trwchus i gladdu'r topograffi. Nifer ddim yn ymestyn y tu hwnt i'w tarddiad uwchdirol	10–10,000	D	Patagonia (Chile), Columbia (Canada)
Rhewlif dyffryn	Rhewlif wedi'i gyfyngu rhwng waliau'r dyffryn ac yn terfynu mewn tafod cul. Yn ffurfio o gapiau/llenni iâ neu beirannau. Yn gallu terfynu yn y môr fel rhewlif dŵr llanw	3–1500	C	Rhewlif Aletsch (Y Swistir), Athabasca (Canada)
Rhewlif Piedmont	Rhewlif dyffryn sy'n ymestyn y tu hwnt i ddiwedd dyffryn mynyddig i ardal fwy gwastad ac sy'n lledaenu fel bwa	3–1000	C	Malaspina (Alaska)
Rhewlif peiran (cwm)	Rhewlif llai sy'n llenwi pant ar ochr mynydd – mae'n cerfio peiran; gelwir fersiwn llai yn rhewlif cilfach	0.5–8	C	Rhewlif Hodges (De Georgia)
Silff iâ, mae'n cael ei alw'n iâ môr hefyd	Ardal eang o iâ rhewlifol arnofiol (*niche glacier*) yn ymestyn o'r glannau lle mae sawl rhewlif wedi cyrraedd y môr ac uno â'i gilydd	10–100,000	D	Silff Iâ Ronne a Silff Iâ Ross (Antarctica)

*C = Cyfyngedig, D = Digyfyngiad

Dosbarthiad gorchudd iâ yn y presennol a'r gorffennol

Yn **bresennol**, mae rhewlifoedd yn gorchuddio mwy na 10% o dir y Ddaear, ac mae 75% o ddŵr croyw'r byd wedi'i gloi yn y gorchudd iâ hwn (llenni iâ a rhewlifoedd dyffryn) – tua 1.8% o'r holl ddŵr (croyw, lled hallt neu hallt) ar y Ddaear.

Mae Tabl 2 yn cymharu dosbarthiad llenni iâ a rhewlifoedd y presennol a rhai diwedd y Pleistosen yn hemisffer y gogledd a'r de. Mae'n dangos:

■ bod tua 85% o holl iâ rhewlifol y presennol yn Antarctica (yn cael ei rannu rhwng Llenni Iâ Gorllewin a Dwyrain Antarctica)

■ mai Llen Iâ Grønland ydy'r ail groniad iâ rhewlifol mwyaf yn y byd – bron i 11% o orchudd iâ'r Ddaear

■ bod y gorchudd iâ sy'n weddill wedi'i ddosbarthu ymhlith capiau iâ fel Vatnajokull (Gwlad yr Iâ) a gogledd Canada ac Alaska, meysydd iâ'r ucheldiroedd (Columbia) a nifer mawr o rewlifoedd llai mewn ardaloedd o ucheldir (fel mynyddoedd Himalaya, Y Rockies, Y Cascades, Yr Andes a'r Alpau yn Ewrop).

■ bod yna rewlifoedd uwchlaw 4,000 metr yn Ecuador yn yr Andes, Mynydd Kilimanjaro yn Tanzania a hyd yn oed yn Indonesia, sydd yn rhanbarthau Cyhydeddol.

Tabl 2 Amcangyfrifon o'r gorchudd iâ yn y presennol ac yn y gorffennol

Rhanbarth	Ardal yn y presennol (Amcangyfrif) (10^6 km²)	Gorffennol (diwedd yr Oes Iâ Pleistosen – Cwaternaidd)
Antarctica	13.50	14.50
Grønland	1.80	2.35
Basn yr Arctig	0.24	
Alaska	0.05	16.00
Gweddill Gogledd America	0.03	
Andes	0.03	0.88
Yr Alpau	0.004	0.04
Sgandinafia	0.004	6.60
Asia	0.12	3.90
Affrica	0.0001	0.0003
Awstralasia	0.001	0.7
Prydain	0.0	0.34
Cyfanswm	15.8	44.68

Mae yna nifer o ffactorau sy'n dylanwadu ar ddosbarthiad y gorchudd iâ. Heddiw, y ddau brif ffactor yw **lledred** (ar gyfer masau iâ pegynol) ac **uchder y tir** (ar gyfer rhewlifoedd alpaidd). Yn y lledredau uchel, mae pelydrau'r haul yn taro'r ddaear ar ongl is ac mae'n rhaid i egni'r haul gynhesu ardal fwy o faint. Ar dir uchel, mae effaith y **gyfradd newid amgylcheddol** (*environmental lapse rate – ELR*) yn amlwg gyda thymereddau yn gostwng 1°C ar gyfer pob 100 metr o uchder. Mae ffactorau eraill yn arwyddocaol yn lleol, fel **wynebwedd** (*aspect*) sy'n gallu penderfynu faint o eira sy'n disgyn ac yn aros. Mewn ardaloedd mynyddig, mae wynebwedd a thirwedd yn cyfuno i effeithio ar ddosbarthiad rhewlifoedd peirannau. Yn hemisffer y gogledd, mae llethrau sy'n wynebu'r gogledd a'r dwyrain yn fwy cysgodol ac felly'n fwy tebygol o brofi croniad eira (gweler t. 24).

Mae Tabl 2 yn dangos y gwahaniaethau canlynol:
- Roedd y gorchudd iâ tua thair gwaith yn fwy na'r presennol pan oedd yr Oes Iâ Pleistosen yn ei hanterth.
- Roedd llenni iâ Antarctica a Grønland yn gorchuddio ardal oedd ychydig yn fwy na'r hyn sy'n cael ei orchuddio heddiw.
- Roedd yr estyniadau mwyaf i'r llenni iâ yng Ngogledd America (*Laurentide* a *Cordilleran*) a llen iâ Sgandinafia yn Ewrop – tyfodd y rhain i fod rhwng 3,000 m a 4,000 m o drwch gan drawsffurfio tirwedd Gogledd America ac Ewrop.
- Roedd estyniadau arwyddocaol eraill yn cynnwys holl ardaloedd deheuol De America, Ynys y De Seland Newydd, gorllewin a dwyrain Siberia a mynyddoedd Himalaya, lle'r oedd capiau iâ yn bwydo sawl rhewlif dyffryn.

Crynodeb

- Mae'r **cryosffer** yn cynnwys llenni iâ, rhewlifoedd (dyffryn, piedmont a pheiran), iâ môr, iâ llyn, iâ daear (iâ parhaol) a gorchudd eira. Mae'r rhain i gyd, heblaw am iâ parhaol a gorchudd eira yn fasau iâ (*ice masses*).
- Yn ystod yr Oes Iâ Gwaternaidd, pan oedd y gorchudd iâ ar ei anterth, roedd tair gwaith mwy o iâ nag sydd heddiw, gyda llenni iâ mawr yng Ngogledd America,

Sgandinafia, ardaloedd deheuol De America, Ynys y De Seland Newydd, gorllewin a dwyrain Siberia a mynyddoedd Himalaya.
- Heddiw, mae tua 85% o'r iâ rhewlifol yn Antarctica, gyda 11% yn Llen Iâ Grønland a'r gweddill wedi'i ddosbarthu mewn capiau iâ a sawl rhewlif llai o faint mewn ardaloedd o ucheldir, ac ambell rewlif ar uchder mawr iawn mewn rhanbarthau Cyhydeddol.

Prosesau hindreulio rhewlifol ac erydiad

Y system tirffurfiau rhewlifol

Mae symudiad yr iâ yn caniatáu i'r llen iâ neu rewlif (màs iâ) gasglu malurion ac erydu ar ei waelod a'i ochrau, yn ogystal â thrawsgludo ac addasu'r deunyddiau sy'n cael eu cario. Po gyflymaf ydy'r symudiad, y mwyaf tebygol yw hi y bydd y rhewlif yn trawsffurfio'r dirwedd. Ar y llaw arall, mae iâ llonydd neu sefydlog, sy'n gyffredin mewn llenni iâ ar dir isel, yn fwy tebygol o 'amddiffyn y dirwedd' a'i ailsiapio yn unig drwy adael llawer iawn o falurion.

Caiff tirweddau rhewlifol eu siapio gan gyfuniad o iâ'n gweithredu'n uniongyrchol ac effeithiau anuniongyrchol, fel ffurfio arweddion ffrwdrewlifol gan ddŵr tawdd, amharu ar systemau draenio, a newidiadau cymhleth yn lefel y môr o ganlyniad i iâ.

Mewnbynnau	→	Trwybynnau	→	Allbynnau	→	Tirweddau
Ffactorau sy'n rheoli, e.e. hinsawdd, trwch yr iâ		Prosesau erydiad, trawsgludiad a dyddodiad		Ffurfiant tirffurfiau ar raddfa fawr, canolig a bychan		Casgliad o dirffurfiau

Ffigur 7 Sut mae'r system tirffurfiau rhewlifol yn gweithio

Ffynonellau malurion rhewlifol

Mae angen 'offer' er mwyn i rewlif neu fàs iâ allu erydu'r dirwedd. Mae hindreuliad **rhewi-dadmer** (rhewfriwio) yn cael ei achosi gan rym dŵr yn rhewi mewn holltau a bregau yn y graig ac yna'n ehangu hyd at 9% gan wthio ymylon yr hollt neu'r breg oddi wrth ei gilydd. Bydd y graig yn hollti gan ffurfio malurion onglog (bydd y malurion hyn yn debygol o lithro i lawr y llethr i ffurfio sgri). Er mwyn i'r broses rhewi-dadmer weithredu'n effeithiol, mae angen newidiadau cyson mewn tymheredd o gwmpas y rhewbwynt (cylchred rhewi-dadmer weithredol). Mae'r malurion onglog yn syrthio i lawr ochrau'r mynydd gan ymuno â malurion o **ffynonellau uwchrewlifol** (*supraglacial*) eraill o falurion, gan gynnwys y deunydd sy'n cael ei olchi neu ei chwythu i'r rhewlif o'r tir o amgylch ac alldafliadau atmosfferig fel lludw folcanig (mae hyn yn gyffredin yng Ngwlad yr Iâ).

Mae faint o falurion sy'n cael eu cynhyrchu yn dibynnu ar y ddaeareg (faint o holltau a haenau sydd yn y creigiau), faint o ddŵr sy'n bresennol ac amledd ac amrediad y newidiadau mewn tymheredd. Felly, mae rhewi-dadmer yn bwysig iawn mewn rhewlifoedd dyffryn a pheiran gan fod yr ardal fynyddig o amgylch heb ei gorchuddio gan iâ, ac felly'n darparu digonedd o falurion o gwymp creigiau a llif malurion. Mae hyn yn wahanol i lenni iâ lle mae prosesau tanrewlifol yn bwysicach.

Mae ffynonellau **tanrewlifol** (*subglacial*) yn cynnwys deunydd sydd wedi'i erydu o wely'r rhewlif a waliau'r dyffryn, deunydd wedi'i rewi i waelod y rhewlif o nentydd tanrewlifol, yn ogystal â deunyddiau **mewnrewlifol** (*englacial*) sydd wedi symud i lawr drwy'r rhewlif neu'r llen iâ.

Erydiad rhewlifol yw iâ a dŵr tawdd yn symud deunydd. Mae'n cynnwys nifer o brosesau:

- Mae **sgrafellu** (*abrasion*) gan falurion unigol yn arwain at ffurfio nifer o arweddion bychan fel rhychiadau (*striations*) a rhewgreithiau (*chatter marks*). Yn ychwanegol at hyn, mae blawd craig (meintiau sy'n llai na 0.1 mm mewn diamedr), yn 'sgleinio'r creigiau gwaelodol. Mae hyn yn cael ei gymharu â defnyddio papur tywod ar y graig sy'n ei gwneud yn llyfn.

- Mae **plicio** (*plucking*) yn aml yn cael ei alw yn **chwarela rhewlifol**. Mae chwarela yn broses dau-gam, gyda thoriad yn lledu bregau i gychwyn ac yna'r rhewlif yn symud y deunydd sydd wedi llacio. Mae pwysigrwydd plicio yn ddibynnol ar y math o graig a phresenoldeb bregau.
- Mae **toriad** (*fracture*) a **thyniant** (*traction*) yn digwydd o ganlyniad i **wasgiad** gan bwysau'r iâ sy'n symud dros y graig. Mae amrywiadau mewn gwasgedd yn achosi i'r dŵr tawdd rewi a dadmer (**ymdoddi gwaelodol**). Mae hyn yn cynorthwyo'r broses blicio (gweler t. 30).
- Mae **ymlediad** (*dilation*) yn digwydd wrth i ddeunyddiau sydd ar yr wyneb gael eu symud. Mae hyn yn achosi toriadau yn y graig sy'n baralel i'r arwyneb sy'n cael ei erydu wrth i'r creigwely addasu i'r dadlwytho.
- Mae **erydiad dŵr tawdd tanrewlifol** yn gallu bod yn fecanyddol (yn debyg i erydiad afonol ond bod y dŵr o dan wasgedd hydrostatig) a chemegol, lle mae dŵr tawdd rhewlifol yn gallu toddi mwynau a chario'r hydoddion i ffwrdd, yn enwedig mewn creigiau calchfaen.

Ffactorau sy'n effeithio ar erydiad rhewlifol

Mae yna amrywiaeth mawr yn faint o erydiad rhewlifol sy'n digwydd. Y ffactor bwysicaf sy'n penderfynu effeithlonrwydd erydiad rhewlifol yw'r rhewlif ei hunan – ei faint, sydd yn ei dro yn penderfynu trwch yr iâ a'i gyfundrefn thermol, sy'n penderfynu pwysigrwydd a grym y prosesau erydol. Mae pob math o erydiad rhewlifol yn fwy effeithiol pan fydd gan y rhewlif waelod cynnes – mae dŵr tawdd a digonedd o falurion yn hwyluso sgrafellu, a gall **adrewiad** (*regelation* – un o brif elfennau'r broses blicio) ddigwydd hefyd.

Mae yna ffactorau pwysig eraill sy'n dylanwadu ar gyfradd erydiad rhewlifol fel cyflymder symudiad y rhewlif dros y gwely, sydd, o'i gyfuno â thrwch yr iâ, yn effeithio ar bŵer y rhewlif i achosi i'r graig falu. Mae nifer a siâp y malurion craig (prosesau isawyrol rhewi-dadmer), ynghyd â symudiad màs ar raddfa eang o lethrau sgri i gyflenwi'r 'offer' ar gyfer erydiad rhewlifol hefyd yn bwysig. Mae arweddion y creigwely, fel nifer y bregau yn ogystal â chaledwch y graig, hefyd yn bwysig o ran dylanwadu ar y llif cywasgol a'r llif estynnol (gweler t. 17).

Yn ei hanfod, mae cyfraddau erydu yn fwy lle mae rhewlifoedd gwaelod cynnes, trwchus sy'n symud yn gyflym, a chreigwely cymharol wan, yn aml oherwydd bregau niferus. Mae cyfraddau erydu yn llawer arafach lle mae rhewlifoedd gwaelod oer a chraig weddol wydn.

Arweddion a thirffurfiau erydiad rhewlifol

Mae Ffigur 8 yn dangos sut mae tirffurfiau yn cael eu ffurfio o ganlyniad i'r rhyngweithiad rhwng y prosesau a nodweddion y dirwedd. Mae'r nodweddion hyn yn cynnwys natur y creigwely, adeiledd a thopograffi, siâp a natur y dirwedd. Fodd bynnag, nid yw'r prosesau yn gweithredu'n gyson ac mae tirffurfiau yn cael eu haddasu yn barhaus, yn enwedig ar ôl enciliad rhewlifol yn y cyfnod **pararewlifol** (*paraglacial*) byr, ac yn y cyfnod ôl-rewlifol lle mae tirffurfiau a siapiwyd yn wreiddiol gan rewlifiant yn cael eu hailsiapio gan ddŵr, hindreuliad a symudiad màs.

Ffactor arall sy'n cymhlethu'r mater yw bod y rhan fwyaf o'r dirwedd bresennol sydd wedi'u ffurfio o ganlyniad i rewlifiant yn **amlgylchredol** (*polycyclic*). Hynny yw, mae amodau tŷ iâ ac amodau tŷ gwydr yn newid bob yn ail (mewn cylchoedd) yn ystod y

Cyfnod Cwaternaidd. Gan fod y cyfnod rhewlifol diwethaf (is-gyfnod Loch Lomond) wedi dirwyn i ben yn gymharol ddiweddar (yn nhermau amser daearegol – tua 11,500 o flynyddoedd yn ôl), mae ardaloedd mynyddig y DU (y Cairngorms, Ucheldiroedd yr Alban, Bro'r Llynnoedd a gogledd Cymru) yn cynnig enghreifftiau rhagorol o dirffurfiau rhewlifol sydd wedi eu ffurfio gan erydiad.

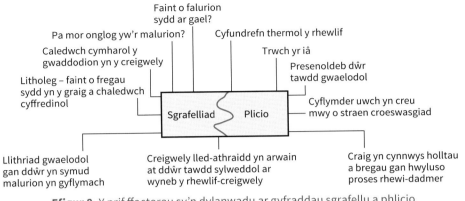

Ffigur 8 Y prif ffactorau sy'n dylanwadu ar gyfraddau sgrafellu a phlicio – mae yna orgyffwrdd mewn sawl achos

Mae Tabl 3 yn rhoi rhestr wirio o amrediad o dirffurfiau sy'n gysylltiedig ag erydiad rhewlifol mewn ucheldiroedd. Maen nhw wedi'u dosbarthu yn ôl eu maint.

Tabl 3 Rhestr wirio o dirffurfiau sy'n gysylltiedig ag erydiad rhewlifol mewn ucheldiroedd

	Tirffurf	Ymddangosiad	Proses ffurfio
Macro (mawr)	Peiran (cwm)	Pant siâp cadair freichiau ar ochr mynydd uwchlaw dyffryn rhewlifol	Mae pant cyn-rewlifol yn cael ei ehangu drwy blicio a sgrafelliad wrth i iâ symud mewn modd cylchol dan ddylanwad disgyrchiant
	Crib	Cefnen gul rhwng dau beiran (cwm)	Wrth i ddau beiran gynyddu cefn wrth gefn â'i gilydd, mae'r gefnen rhyngddyn nhw'n culhau
	Pigyn pyramidaidd	Copa pigfain	Wrth i dri neu fwy o beirannau gynyddu, mae'r copa rhyngddyn nhw'n dod yn fwy pigfain
	Cafn (neu ddyffryn ffurf-U)	Dyffryn syth, gydag ymylon serth a llawr gwastad	Mae dyffryn afon cyn-rewlifol yn cael ei ledu a'i ddyfnhau drwy erydiad gan rewlif sy'n symud ymlaen
	Sbardun blaendor	Darn serth o dir ac efallai'n greigiog ar ochr cafn rhewlifol	Mae sbardunau pleth cyn-rewlifol mewn dyffryn afon yn cael eu herydu gan rewlif mwy grymus
	Crognant	Is-ddyffryn bychan yn uchel uwchben llawr y cafn rhewlifol, yn aml gyda nant neu raeadr	Is-rewlif gydag ychydig o iâ heb erydu llawr ei ddyffryn mor ddwfn â'r prif rewlif ac felly maen nhw'n 'hongian' uwchlaw'r prif ddyffryn
	Llyn hirgul	Llyn hir a dwfn ar lawr cafn rhewlifol	Mae'r iâ yn erydu a dyfnhau rhannau o lawr y cafnau rhewlifol. Mae llyn hir yn cael ei ffurfio ar ddiwedd y cyfnod rhewlifol. Mae'n bosib fod bar o graig neu farian terfynol yn gweithredu fel argae i ffurfio'r llyn.
Meso (canolig)	Craig follt neu greigiau myllt (*Roche moutonnée*)	Craig foel anghymesur gydag ochr yn goleddu'n raddol yn wynebu i fyny'r dyffryn a'r ochr arall yn doredig	Wrth i iâ groesi brig o graig wydn, mae'r cynnydd mewn gwasgedd yn achosi toddi a llithro gwaelodol ac ae ymyl uchaf y dyffryn yn cael ei lyfnhau gan sgrafelliad. Ar yr ochr gysgodol, mae llai o wasgedd, mae ail-rewi'n digwydd ac ae plicio'n digwydd, gan achosi llethr serth, danheddog.
	Clegyr a chynffon	Clegyr mawr wedi'i erydu gan iâ gyda chynffon yn raddol gulhau ar yr ochr gysgodol	Mae'n cael ei ffurfio gan graig igneaidd galed yn amddiffyn creigiau rhag hindreuliad ac erydiad
Micro (bach)	Rhychiadau	Rhigolau ar greigiau noeth	Sgrafelliad gan falurion sydd wedi'u 'carcharu' yng ngwaelod y rhewlif wrth iddo symud dros graig foel. Maen nhw'n gallu dynodi cyfeiriad symudiad yr iâ.

Arweddion graddfa fawr

Mae arweddion graddfa fawr tua 1 km neu fwy mewn maint. Dyma'r prif elfennau mewn ardaloedd o ucheldir rhewlifedig. Maen nhw'n cynnwys nifer o arweddion erydol graddfa ganolig neu fach, yn ogystal â thirffurfiau dyddodol.

Mae'r **peiran** (cwm neu *corrie*) yn bant siâp powlen neu gadair freichiau sydd fel arfer i'w weld ar uchder cymharol uchel. Yng nghyfnod cyntaf y broses o'i ffurfio, mae eira yn cronni mewn lleoliad cysgodol ar ochr y mynydd. Yn hemisffer y gogledd, mae peirannau fel arfer yn ffurfio ar ochr ogledd-ddwyreiniol mynyddoedd ac wedi eu cysgodi rhag y prifwyntoedd gorllewinol, a rhag pelydrau'r haul.

Mae **eirdreulio** (*nivation*) neu erydu mannau eira yn digwydd pan fydd eira yn cronni mewn ardal gysgodol. Bydd y pant hwn yn cynyddu drwy gyfuniad o hindreuliad rhewi-dadmer fydd yn rhyddhau'r graig, ac yn ystod yr haf, bydd dŵr tawdd o eira'n toddi, yn trawsgludo'r malurion craig i ffwrdd. Pan fydd **pant eirdreulio** (*nivation hollow*) (sy'n arwedd ffinrewlifol) wedi'i ffurfio, bydd **adborth cadarnhaol** yn digwydd wrth i'r pant mwy o faint ddal mwy o eira. Drwy'r broses hon mae'r pant yn ehangu'n raddol gan ddarparu safle ar gyfer ffurfio iâ rhewlifol.

Mae prosesau plicio a sgrafelliad yn cyfuno er mwyn ffurfio peiran (gweler Ffigur 18, t. 46). Gall iâ rhewlif ehangu mewn arwynebedd a symud i lawr y dyffryn yn ystod cyfnod rhewlifol. Gellir addasu'r peiran yn ôl-rewlifol gyda ffurfiant llyn bach a elwir yn llyn peiran (e.e. Cwm Idwal neu Lyn Cau yn Eryri).

Mae erydu llethrau cefn dau gwm yn gallu arwain at ffurfiant crib (cefnen gul, serth rhwng dau gwm). Pan fydd tri pheiran neu fwy yn cynyddu gefngefn â'i gilydd fe ffurfir copa pigfain gyda sawl ochr serth (pigyn pyramidaidd), e.e. Y Cnicht ger pentref Croesor. Enw arall arnyn nhw yw **horn** (Matterhorn yn yr Alpau rhwng yr Eidal a'r Swistir).

Cafnau rhewlifol

Mae dyffrynnoedd mynyddig yn cael eu sythu, eu lledu a'u dyfnhau pan fydd iâ rhewlifol yn symud i lawr y dyffrynnoedd hyn. Bydd yr iâ yn newid siâp y dyffryn o fod yn ffurf-V i fod yn ffurf-U. Yn fwy cywir, mae gan y cafnau rhewlifol hyn siâp **parabolig**. Mae cafnau rhewlifol yn gallu amrywio mewn hyd, o tua 5 km o hyd (Dyffryn Nant Ffrancon yn Eryri) i ddyffrynnoedd hir iawn fel Dyffryn Yosemite yn California (tua 12 km o hyd). Ar eu hyd (proffil hir), mae gan nifer o gafnau rhewlifol broffil grisiog, sy'n adlewyrchu erydu gwahaniaethol o ganlyniad i anghysondebau yn y creigwely gwaelodol ac amrywiadau yng ngrym yr erydu. Er enghraifft, yn y pwynt lle mae sawl rhewlif peiran yn cwrdd ar ben uchaf y dyffryn, mae'r rhewlif mwy o faint yn erydu'n ddwfn. Yn y cyfnod ôl-rewlifol mae cyfres o gafnau wedi eu gwahanu gan **risiau o graig** (*riegels*) ar lawr y dyffryn o ganlyniad i erydiad gwahaniaethol. Gall basnau hirach a dyfnach gynnwys llynnoedd hirgul. Erbyn heddiw, mae nifer ohonyn nhw'n dechrau llenwi â dyddodion. (Mae Interlaken yn y Swistir wedi'i adeiladu ar dir gwastad o lifwaddod sydd wedi rhannu llyn mawr gwreiddiol yn ddau lyn sef Llyn Thun a Llyn Brienz). Mae hindreuliad a màs-symudiad ôl-rewlifol wedi achosi i gafnau rhewlifol fewnlenwi ac mae afonydd bychan yn llifo ar draws dyffryn eang. Yr enw ar yr afonydd bychan hyn yw afonydd afrwydd (*misfit*).

Wrth i lefel y môr godi ar ddiwedd y rhewlifiant diwethaf, cafodd nifer o gafnau rhewlifol arfordirol eu boddi gan y môr i ffurfio loch môr yn yr Alban neu **ffiord** yn Norwy.

Profi gwybodaeth 9

Esboniwch pam mai'r wynebwedd gogledd-ddwyreiniol yw'r un mwyaf ffafriol i ddatblygiad peiran (cwm) yn hemisffer y gogledd.

Cyngor i'r arholiad

Ewch ati i ddysgu diagram anodedig o ddyffryn penodol i'w gynnwys yn eich traethodau. Dylai fod yn bosibl i chi baratoi'r rhain yn gyflym a rhwydd. Fe ddylai'r diagram gynnwys enghreifftiau o'r holl arweddion.

Mae **crognentydd** yn cael eu ffurfio pan mae rhewlif mewn dyffryn llednant yn ymuno â rhewlif y prif ddyffryn sy'n fwy o ran maint ac yn fwy nerthol. Yn ystod y cyfnod rhewlifol, mae lefel wyneb yr iâ yn nyffryn y llednant yr un fath â'r lefel yn y prif ddyffryn. Ond, mae'r gyfradd erydu o fewn y prif rewlif yn llawer mwy, felly wrth i'r cyfnod rhewlifol ddod i ben gall dyffryn y llednant gael ei adael yn crogi gannoedd o fetrau uwchlaw'r prif ddyffryn islaw. Yn aml, bydd y llednant yn ymuno â'r brif afon fel rhaeadr (er enghraifft, Cwm Amarch, Cader Idris).

Mae gan lawer o gafnau rhewlifol **sbardunau blaendor** gydag ochrau serth, bron yn fertigol. Mae'r sbardunau pleth gwreiddiol wedi eu blaendorri gan erydiad rhewlifol o ganlyniad i ddiffyg hyblygrwydd y rhewlifoedd sy'n symud i lawr y dyffryn (e.e. dyffryn Lauterbrunnen yn y Swistir neu Yosemite yn nhalaith California).

Arweddion graddfa ganolig

Mae arweddion canolig o ran maint i'w gweld yn bennaf o fewn arweddion mwy o faint, er enghraifft arweddion fel tirffurfiau **cefn morfil** (*whale backs*) a **chreigiau myllt** (*roche moutonnées*) ar lawr cafn rhewlifol Yosemite. Mae'r tirffurfiau canolig yn gallu amrywio o tua 10 m i 1 km o ran hyd. Arweddion creigwely llyfn fel creigiau myllt sydd fwyaf cyffredin. Mae'r rhain yn cael eu ffurfio pan fydd rhewlif yn symud dros gnwc o graig wydn gan ei dreulio.

Mae **creigiau myllt** yn arweddion llyfn a sgythrog lle mae sgrafelliad yn llyfnhau'r ochr gnwc sy'n wynebu i fyny'r dyffryn, tra bod plicio rhewlifol yn gwneud yr ochr arall yn arw. Dyma dirffurf creigiog anghymesur a ffurfiwyd yn wreiddiol o dan yr iâ.

Mae tirffurfiau **clegyr a chynffon** yn ffurfio pan fydd iâ rhewlifol yn cael ei orfodi i lifo o gwmpas rhwystr craig fawr, wydn fel plwg folcanig, e.e. plwg Castell Caeredin. Mae'r rhwystr o graig wydn (y clegyr) yn amddiffyn y creigiau llai gwydn ar yr ochr gysgodol rhag erydiad, gan achosi i'r arwedd gulhau lawr y dyffryn (y cynffon). Y canlyniad yw clegyr gyda phen **llyfn** (*stoss*), serth i fyny'r rhewlif, ac ochr **sgythrog** sy'n goleddu'n raddol ac yn culhau i lawr y rhewlif. Mae'r Filltir Frenhinol yng Nghaeredin yn rhedeg i lawr y gynffon am 1.4 km cyn cyrraedd Palas Holyrood. Ar yr ochr lefn, mae craig Castell Caeredin 110 metr o uchder. Mae modd gweld crafiadau a wnaed gan erydu nerthol wrth i'r llen iâ gwrdd â'r clegyr. Digwyddodd y broses hon droeon dros sawl cyfnod rhewlifol.

Arweddion graddfa fach

Mae arweddion erydiad rhewlifol graddfa fach ychydig o fetrau neu lai o ran maint. Maen nhw'n cynnwys **rhychiadau**, sef crafiadau ar greigwely caled a achoswyd gan falurion yn cael eu llusgo ar draws wyneb y graig yn ystod sgrafelliad – maen nhw bron fel marciau naddu. Maen nhw'n dueddol i fod yn baralel i gyfeiriad symudiad yr iâ. Bydd rhan ddyfnaf y crafiad ym man gwreiddiol y cyffyrddiad. Gall hyn fod yn ddefnyddiol wrth olrhain cyfeiriad symudiad y rhewlif yn y gorffennol. Mae **rhewgreithiau** (*chatter marks*) yn bantiau cafnog a thoriadau afreolaidd yn y graig. Mae **cafnau ar ffurf cilcant** (*cresentic gouges*) gyda phatrwm mwy rheolaidd sydd fel arfer yn geugrwm i fyny'r rhewlif.

Mae arweddion graddfa fach yn ddefnyddiol ar gyfer dangos o ba gyfeiriad y daeth yr iâ – **tarddiad**. Maen nhw hefyd yn dynodi uchder mwyaf erydiad gan iâ rhewlif, er enghraifft yn ystod is-gyfnod Loch Lomond. Nid oes unrhyw arweddion graddfa fach i'w gweld uwchlaw lefel uchaf yr iâ, sef y **llinell derfyn** (*trim line*), ar ochr y dyffryn

Profi gwybodaeth 10

Esboniwch sut y gellir defnyddio arweddion erydiad rhewlifol i ddangos tarddiad yr iâ.

rhewlifol. Yn y Glyderau yn Eryri, mae modd gweld cludeiriau (*block fields*), sgrïau a thyrrau (*tors*) (tystiolaeth o weithgaredd ffinrewlifol) wedi olynu creigiau wedi eu crafu gan iâ uwchlaw'r llinell derfyn.

Crynodeb

- Mae hindreuliad rhewi-dadmer (rhewfriwio) yn darparu deunyddiau ar gyfer erydu. Mae'r deunyddiau hyn yn dod o ffynonellau uwchrewlifol, tanrewlifol a mewnrewlifol.
- Mewn erydiad rhewlifol, mae deunyddiau yn cael eu symud gan iâ a dŵr tawdd. Mae'n cynnwys sgrafelliad, pliciad, toriad a thyniant, ymlediad ac erydiad gan ddŵr tawdd tanrewlifol.
- Mae ffactorau sy'n effeithio ar erydiad rhewlifol yn cynnwys y gyfundrefn thermol waelodol, cyflymder symudiad yr iâ, trwch yr iâ, athreiddedd y creigwely a faint o fregau sydd mewn craig.
- Mae tirffurfiau graddfa fawr yn cynnwys arweddion fel peiran, pigyn pyramidaidd, crib, cafn rhewlifol, llyn hirgul, crognant a sbardunau blaendor. Mae'r arweddion graddfa ganolig yn cynnwys creigiau myllt a chlegyr a chynffon. Mae arweddion graddfa fach yn cynnwys rhychiadau.

◼ Prosesau trawsgludo a dyddodi rhewlifol a ffrwdrewlifol

Wrth i rewlif symud, mae'n trawsgludo malurion. Unwaith i'r deunyddiau gael eu codi (gweler Ffigur 9), mae'r rhewlif yn ymddwyn fel 'cludfelt' sy'n trawsgludo'r deunyddiau mewn tair prif ffordd.

1. Mae **trawsgludo uwchrewlifol** yn digwydd wrth i falurion syrthio ar y rhewlif o ochrau'r dyffryn. Mae'r deunydd yn onglog a heb ei raddio o ran maint gan nad yw eto wedi profi sgrafelliad.
2. Mae **trawsgludo mewnrewlifol** yn digwydd wrth i'r iâ symud yn wahanol gan ffurfio crefasau (gweler t. 21). Mae malurion o'r llethr yn syrthio i mewn i'r crefasau hyn ac yn cael eu dal o fewn yr iâ rhewlifol a'u symud o fewn y rhewlif, weithiau gan ddŵr tawdd.
3. Mae **trawsgludo tanrewlifol** yn digwydd ar waelod y rhewlif. Mae'r broses o sut mae'r rhewlif yn casglu ei lwyth yn gymhleth. Gall darnau bach o ddyddodion gael eu codi gan **iâ gwaelodol yn rhewi** o amgylch gronynnau sy'n arwain at rym i symud y gronynnau yn eu blaen. Mae iâ hefyd yn ffurfio o amgylch creigiau mwy drwy **lif anffurfiad** (*deformation flow*) ac yn eu tynnu ar hyd gwaelod y rhewlif drwy broses **tyniant** (*traction*). Mae rhywfaint o ddeunydd mewnrewlifol yn cael ei olchi i lawr gan nentydd dŵr tawdd i ymuno â'r swm mawr o falurion gwaelodol. Pan fydd gwely'r iâ yn afreolaidd, mae prosesau **toddi gwasgedd** ac **adrewiad** yn cyfuno i sgrafellu a phlicio'r deunydd o'r creigwely.

Mae presenoldeb clogfeini mawr, sy'n cael eu hadnabod fel **meini dyfod** (*erratics*) gan eu bod yn greigiau gwahanol i'r creigwely y maen nhw'n gorwedd arno, yn tystio i allu rhyfeddol rhewlifoedd (yn enwedig llenni iâ enfawr) i drawsgludo malurion trwm iawn a hynny'n aml dros gryn bellter. Er enghraifft, cafodd meini dyfod mawr sy'n pwyso hyd at 16,000 tunnell eu trawsgludo dros fwy na 300 km o Fynyddoedd y Rockies yng Nghanada i wastadeddau Alberta gan Len Iâ Cordillera. Mae rhai meini dyfod yn cael eu gadael fel **crogfeini** (*perched rocks*), er enghraifft, Crogfeini Darwin ac eraill yn ardal Cwm Idwal, Eryri. Os yw'r maen dyfod yn graig o fath nodedig o leoliad penodol, er enghraifft, gwenithfaen Ailsa Craig o orllewin Yr Alban, gellir mapio'n fanwl gywir cyfeiriad symudiad y rhewlif. Mae meini dyfod o Sgandinafia wedi eu darganfod yn y clog-glai ar arfordiroedd Northumberland, Durham a Swydd Efrog, sy'n cadarnhau presenoldeb llenni iâ cyfandirol o Sgandinafia oddi ar yr arfordir.

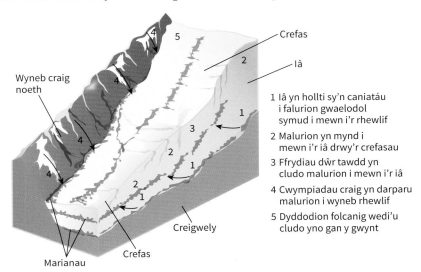

1 Iâ yn hollti sy'n caniatáu i falurion gwaelodol symud i mewn i'r rhewlif

2 Malurion yn mynd i mewn i'r iâ drwy'r crefasau

3 Ffrydiau dŵr tawdd yn cludo malurion i mewn i'r iâ

4 Cwympiadau craig yn darparu malurion i wyneb rhewlif

5 Dyddodion folcanig wedi'u cludo yno gan y gwynt

Ffigur 9 Y 'cludfelt' rhewlifol

Prosesau dyddodi rhewlifol

Mae rhewlifoedd yn dyddodi deunydd drwy gyfrwng y prosesau canlynol.

■ Mae **glyniad** (*lodgement*) yn digwydd o dan y màs iâ pan fydd malurion tanrewlifol sy'n cael eu trawsgludo yn cael eu 'glynu' neu eu 'dal' ar wely'r rhewlif. Mae glyniad yn digwydd pan fydd y ffrithiant rhwng y malurion tanrewlifol a'r gwely yn dod yn fwy na llusgiad yr iâ sy'n symud drosto, felly mae'n cael ei gysylltu'n aml gyda rhewlifoedd sy'n cario llwyth mawr o falurion, a lle mae'r rhewlif yn symud yn araf neu'n llonydd.

■ Mae **abladiad** yn digwydd pan fydd dyddodion yn cael eu gollwng wrth i'r rhewlif ddadmer. Mae'r abladiad yn gallu cynnwys deunydd uwchrewlifol, mewnrewlifol a thanrewlifol.

■ Mae **anffurfiad** yn llai cyffredin. Mae'n cael ei gysylltu gyda chreigwely gwaelodol gwan – mae'r gwaddodion hyn yn cael eu hanffurfio gan symudiad y rhewlif.

■ Mae **llif** yn digwydd os bydd lefelau uchel o ddŵr tawdd o fewn y rhewlif. Mae hyn yn arwain at symudiad malurion drwy ymgripiad, llithriad neu lif yn ystod dyddodiad.

Mae'r prosesau hyn yn arwain at ffurfiant **til** neu glog-glai. Mae'r til hwn yn amrywio o ran ei gyfansoddiad, sy'n galluogi gwyddonwyr i ddadansoddi'r mathau o brosesau dyddodol.

■ **Til glyniad** – mae hwn yn cynnwys clastau (*clasts*) gweddol grwn, oherwydd y llyfnhau sy'n digwydd rhwng gwaelod yr iâ a'r graig waelodol. Mae dyddodion o silt a chlai yn llai (maen nhw'n cael eu disgrifio fel 'blawd' yn aml). Mae'r dyddodion hyn yn ffurfio llenni til yn ogystal â thirwedd drymlin (gweler t. 28).

■ **Til abladu** – mae til abladu yn cynnwys malurion mwy onglog, gan nad ydyn nhw wedi'u llyfnhau. Mae'r dyddodion hyn yn fwy o faint, llai cywasgedig a heb eu didoli. Maen nhw'n cael eu dyddodi gan iâ llonydd neu araf sy'n toddi ac yn ffurfio marianau, sydd i'w gweld yn aml ar ymylon rhewlifol.

■ **Til wedi'i addasu** neu **ei anffurfio**. Mae til sydd wedi'i addasu neu ei anffurfio yn cynnwys dyddodion hŷn gydag amryw o blygion a ffawtiau i'w gweld, sy'n dynodi anffurfiad gan rewlif symudol. Mae'n gallu ffurfio cefnennau yn groes i gyfeiriad yr iâ. Mae llif o ddyddodion til sy'n cael ei ryddhau yn ystod misoedd yr haf yn gallu ffurfio llenni tenau o glai cywasgedig sy'n dangos rhywfaint o haenu.

Mae **dadansoddiad o gyfansoddiad til** (*fabric analysis*) yn dechneg sy'n cael ei defnyddio i edrych yn fanwl ar siâp a maint a graddau haenu a didoli malurion o fewn y til. Bydd hyn o help mawr i benderfynu **tarddiad** y til a sut y cafodd ei ffurfio. Os ydy'r til yn cynnwys meini dyfod gellir gweld wedyn o ba gyfeiriad y daeth y llif iâ.

Yn gyffredinol, mae dyddodion rhewlifol, yn wahanol i ddyddodion ffrwdrewlifol, yn onglog, heb eu didoli na'u haenu. Mae echelinau hir y **clastau** yn aml yn baralel i gyfeiriad llif yr iâ.

Tirffurfiau dyddodiad rhewlifol

Malurion rhewlifol wedi eu dyddodi yw **marian**. Mae'n cael ei ddyddodi gan rewlif gweithredol neu'n cael ei adael gan rewlif yn encilio. Mae dau brif gategori sef:

1 Marian tanrewlifol: sydd wedi'i ffurfio o dan y rhewlif
2 Marian ymylol: wedi'i ffurfio ar hyd ymylon rhewlif

Marianau a ffurfiwyd yn danrewlifol

Til glyniad sy'n bennaf gyfrifol am ffurfiant y marianau hyn. Maen nhw'n cael eu ffurfio gan ddyddodion o dan y rhewlif. Mae **gwastadeddau til** sy'n cynnwys marian llusg (*ground moraine*) yn ardaloedd gwastad eang sy'n gorchuddio'r dirwedd oddi tano. Mae hwn yn gallu bod mor ddwfn â 50 metr. O dan rhewlifoedd gweithredol, mae til glyniad yn cael ei fowldio i ffurfio **drymlinau**, twmpathau llyfn â'u hechelin hir yn baralel i gyfeiriad symudiad yr iâ.

Mae drymlinau yn amrywio'n sylweddol o ran eu maint, fel arfer rhwng 10 m a 50 m o uchder a rhwng 200 m a 2000 m o hyd. Mae ochr fwy serth y drymlin yn wynebu i fyny'r rhewlif, tra bo'r ochr fwy graddol a phigfain yn wynebu i lawr y rhewlif. Fel arfer, mae drymlinau i'w gweld mewn 'heidiau'. Yr enw ar y math hwn o dirwedd yw '**tirwedd basged o wyau**'. Maen nhw'n aml wedi'u lleoli mewn patrwm eithaf rheolaidd gyda chymhareb hyd-lled rhwng 2:1 a 7:1. Fe'u gwelir fel arfer ar dir isel sydd heb fod ymhell o uwchdiroedd sydd â chyflenwad o iâ. Mae enghreifftiau ardderchog o'r dirwedd nodedig hon i'w gweld yng Ngogledd Iwerddon, Dyffryn Ribble (Swydd Gaerhirfryn), Gwastadedd Sir Gaer, Gogledd Sir Amwythig a Dyffryn Eden (Cumbria).

Mae nifer o fecanweithiau gwahanol wedi'u cynnig i egluro ffurfiant drymlinau. Felly ni fydd pob drymlin wedi'i ffurfio yn yr un ffordd. Mae gan rai drymlinau graidd-craig sydd hefyd angen esboniad, tra bod eraill heb graidd o'r fath.

- Mae **theori Boulton-Menzies** yn awgrymu bod drymlin yn cael ei ffurfio gan ddyddodiad ar ochr gysgodol rhwystr sy'n symud yn araf o fewn yr haen sy'n cael ei anffurfio. Mae rhwystr creigwely neu ddeunydd sydd wedi'i rewi, yn ffurfio craidd y drymlin ac mae marian llusg yn cael ei ddyddodi o'i gwmpas.

- Mae **theori Shaw** yn awgrymu bod pob drymlin, hyd yn oed drymlinau â chraidd-craig, wedi'u ffurfio gan ddŵr tawdd tanrewlifol yn ystod cyfnod o lifogydd, gan arwain at newidiadau yng ngwely'r afon. Yn ddiweddarach, fe siapiwyd y rhain yn ddrymlinau gan yr iâ oedd yn symud drostyn nhw.

■ Yn ddiweddar, fe gynhaliwyd nifer o brofion tanrewlifol oedd yn cofnodi dros gyfnod o amser. Mae canlyniadau'r profion hyn yn dangos dyddodion yn cael eu hanffurfio o dan Afon Rewlifol Rutford yng Ngorllewin Antarctica i ffurfio drymlinau.

Mewn rhai ardaloedd, mae til glyniad yn cael ei ailfowldio yn **rhychau** (*flutes*) llyfn, gyda chymhareb hyd-lled dros 30:1. Mae'r arweddion hir, cul hyn fel arfer yn llai na 3 m o uchder ac yn llai na 100 m o hyd.

Marianau ar ymylon iâ

Mae Tabl 4 yn crynhoi'r amrywiaeth o farianau ymylol sy'n gyffredin ac yn awgrymu sut maen nhw'n cael eu ffurfio. Mae'r rhan fwyaf yn arweddion llinol (Ll) ac maen nhw'n cael eu ffurfio'n agos at ei gilydd ar ymyl ochrol neu derfynol rhewlif.

Tabl 4 Marianau ymylol a'u ffurfiant

Math o farian		Disgrifiad	Prosesau sy'n gyfrifol am eu ffurfiant
Marian ochrol	Ll	Cefnen o farian ar hyd ymyl allanol llawr y dyffryn	Mae creigiau noeth ar ochr y dyffryn yn cael eu hindreulio ac mae darnau yn cwympo lawr i ymyl y rhewlif. Mae'r malurion yma'n cael eu trawsgludo ar hyd ymylon y dyffryn ac yn cael eu dyddodi pan fydd yr iâ yn toddi. Yn baralel i lif yr iâ.
Marian canol	Ll	Cefnen o farian i lawr canol llawr y dyffryn	Pan fydd dau rewlif yn cyfarfod, mae dau farian ochrol yn uno i ffurfio marian canol. Caiff deunydd ei drawsgludo a'i ddyddodi pan fydd toddi yn weithredol. Yn baralel i lif yr iâ.
Marian terfynol	Ll	Cefnen o farian yn ymestyn ar draws y dyffryn yn y man pellaf a gyrhaeddodd y rhewlif	Mae iâ yn symud y marian yn ei flaen ac yn ei ddyddodi yn y man pellaf iddo gyrraedd pan fydd yn encilio. Fel arfer, mae ochr y marian terfynol sy'n wynebu i fyny'r dyffryn yn fwy serth na'r ochr arall. Ar draws y dyffryn.
Marian enciliol	Ll	Cyfres o gefnennau yn rhedeg ar draws y dyffryn tu ôl i'r marian terfynol	Mae pob marian enciliol, a gall fod llawer ohonyn nhw, yn cynrychioli man lle arhosodd y rhewlif yn ystod enciliad yr iâ. Maen nhw'n ddangosyddion da o'r gylchred cynyddu ac encilio sy'n digwydd gyda sawl rhewlif. Ar draws y dyffryn.
Marian gwthio	Ll	Cefnen o farian gyda'r cerrig ynddo yn gogwyddo ar i fyny	Bydd unrhyw ddeunydd marian ar flaen y rhewlif yn cael ei wthio ymlaen wrth i'r rhewlif symud yn ei flaen. Y cyflymaf yw'r symudiad ymlaen yna'r mwyaf serth fydd gogwydd y cerrig o fewn y dyddodion. Ar draws y dyffryn.
Marian ponciog	Af	Cymysgedd anhrefnus o dwmpathau til.	Yn wreiddiol, roedd y rhain yn cael eu hystyried yn gynnyrch 'cyfnodau tawel' yn hanes y rhewlif, wedi'i ollwng o rewlif oedd yn llawn malurion. Bellach, caiff ei gysylltu ag enciliad rhewlif gweithredol. Dim cyfeiriad amlwg.

Ll = Llinol; Af = Aflinol.

Mae'r tirffurfiau sydd wedi eu ffurfio o ddyddodi rhewlifol yn anodd i'w dadansoddi gan fod arweddion o ddyddodiad ffrwdrewlifol hefyd yn rhan o'u ffurfiant. Hefyd, wrth i rewlifoedd ehangu ac encilio neu aros yn llonydd, maen nhw'n ailweithio'r hen ddyddodion rhewlifol i greu arweddion newydd. Mae hyn i gyd yn ychwanegu at natur gymhleth tirffurfiau dyddodol.

Yn ogystal â chreu tirffurfiau nodedig mewn ardaloedd o dir isel fel dwyrain Denmarc a llawr dyffrynnoedd rhewlifol, mae tirffurfiau dyddodol rhewlifol yn cynorthwyo arbenigwyr yn y maes nid yn unig i ddeall maint y gorchudd iâ ond hefyd ei darddiad. Mae'r cliwiau'n cynnwys cyfeiriad yr arwedd, gwrthgyferbyniad yr ochr sy'n wynebu i fyny'r rhewlif a'r ochr sy'n wynebu i lawr, a natur y malurion. Mae lleoliad y gwahanol arweddion, o flaen neu y tu ôl i farianau terfynol hefyd yn bwysig, gan fod y rhain yn dynodi blaen rhewlif neu ymyl llen iâ.

Profi gwybodaeth 11

Nodwch dair ffordd y gallwch chi wahaniaethu rhwng y gwahanol fathau o farianau.

Profi gwybodaeth 12

Esboniwch sut y gallwch chi ddarganfod tarddle iâ drwy astudio arweddion dyddodol rhewlifol.

Hydroleg rhewlif: rôl dŵr tawdd

Mae dŵr tawdd o rewlifoedd yn chwarae rôl allweddol mewn erydiad, llusgiant a thrawsgludiant, yn ogystal â dyddodiad. Mae'n chwarae rhan anuniongyrchol mewn prosesau fel sgrafelliad a phlicio rhewlifol ac mae'n arbennig o bwysig mewn llithro gwaelodol ac anffurfiad gwely tanrewlifol (gweler t. 17). Mae dŵr tawdd o dan y rhewlif hefyd yn cyfrannu at y broses erydu gan fod ei lif cyflym a nerthol yn gyfrifol am sgwrio a rhigoli'r graig waelodol.

Mae dwy brif ffynhonnell o ddŵr tawdd o rewlifoedd sef **toddi arwynebol** a **thoddi gwaelodol** (*basal melting*). Mae toddi arwynebol yn cyfrannu at y rhan fwyaf o'r cyflenwad o ddŵr tawdd sy'n cyrraedd ei uchafbwynt ar ddiwedd yr haf. Dyma'r unig ffynhonnell o ddŵr tawdd ar gyfer rhewlifoedd gwaelod oer. Mae nentydd arwynebol **uwchrewlifol** (*supraglacial*) yn ffurfio, gan lifo ar hyd wyneb yr iâ, yn enwedig yn y gylchfa abladu. Mae'r sianelau uwchrewlifol hyn yn aml yn llifo'n gyflym a gallan nhw blymio i'r iâ, naill ai drwy grefas neu'n fwy cyffredin drwy siafft dŵr tawdd (**moulin** – sef twnnel silindrog, fertigol fel ceubwll), gan ddod yn nentydd **mewnrewlifol**.

Wrth i ddŵr tawdd symud drwy rewlif, mae'n gallu ail-rewi neu gyfrannu at doddi pellach. Mae'n gallu cyrraedd gwaelod y rhewlif, gan ddod yn ffrwd danrewlifol, yn dibynnu ar dymheredd yr iâ y tu mewn i'r rhewlif.

Bydd toddi gwaelodol yn digwydd os yw tymheredd yr iâ ar waelod y rhewlif ar ei ymdoddbwynt (mewn rhewlif gwaelod cynnes). Mae'r dŵr tawdd gwaelodol yn llifo o dan y rhewlif o dan wasgedd hydrostatig ac mae'n gallu cloddio twneli tanrewlifol trwy dorri drwy'r creigwely. Ar ôl amser, mae'r nentydd dŵr tawdd yn ymddangos o dwneli tanrewlifol drwy ogofâu ar flaen y rhewlif.

Prosesau ffrwdrewlifol

Erydiad ffrwdrewlifol

Mae nant sy'n llifo allan o rewlif yn ymddwyn yn debyg i nant arferol, er bod yr arllwysiad, y llwyth gwaddodion a phrinder llystyfiant yn arwain at amrywiadau rhwng un nant a'r llall. Fodd bynnag, o fewn y rhewlif, mae **nentydd ffrwdrewlifol** yn gweithredu yn wahanol iawn oherwydd gwasgedd uchel a chyflymder llif y dŵr tawdd. Mae hyn yn achosi i'r creigwely sydd dan yr iâ gael ei erydu drwy sgrafelliad, proses ceudodiad (*cavitation*) a phrosesau cemegol o dan yr iâ rhewlifol. Gall y prosesau hyn hefyd achosi erydu dwys gan nentydd dŵr tawdd wrth iddyn nhw lifo allan o flaen y rhewlif. Mae lefelau uchel o abladiad yn ystod dadrewlifiant ac mae gan nifer o nentydd dŵr tawdd arllwysiadau uchel iawn, sy'n gallu arwain at erydu pwerus. Maen nhw hefyd yn ffurfio sianelau tanrewlifol, gweler t. 31.

Dyddodiad ffrwdrewlifol

Pan fydd dyddodion o fewn dŵr tawdd yn cael eu dyddodi naill ai o dan yr iâ (tanrewlifol), o fewn yr iâ (mewnrewlifol) neu ar yr iâ (uwchrewlifol), byddan nhw'n cael eu galw yn **ddyddodion ffrwdrewlifol cyffyrddiad-iâ**. **Dyddodion cyfrewlifol** (*proglacial deposits*) neu **ddyddodion allolchi** (*outwash deposits*) yw dyddodion ffrwdrewlifol sy'n cael eu dyddodi ar ymyl yr iâ neu tu hwnt iddo gan nentydd sy'n llifo allan o flaen y rhewlif.

Nodweddion dyddodion ffrwdrewlifol

Mewn cymhariaeth â dyddodion rhewlifol (til), mae dyddodion ffrwdrewlifol yn dueddol o fod:

- yn llai mewn maint yn gyffredinol; oherwydd er bod gan nentydd dŵr tawdd arllwysiad tymhorol uchel, mae ganddyn nhw lai o egni na rhewlif mawr ac felly maen nhw fel arfer yn cludo deunydd sy'n llai o faint
- yn fwy **llyfn a chrwn** yn gyffredinol, o ganlyniad i'r cyswllt gyda dŵr ac **athreuliad**
- wedi'u **trefnu** neu eu **didoli** (*sort*) yn llorweddol. Mae hyn yn arbennig o wir yn achos dyddodion allolchiad, gyda'r deunydd mwyaf i'w weld i fyny'r dyffryn, neu'n agosach i flaen y rhewlif ac yn lleihau mewn maint yn bellach i lawr y dyffryn. Mae hyn o ganlyniad i **natur ddilyniannol** y mecanweithiau dyddodol
- wedi eu **haenu'n fertigol**, gyda haenau clir yn adlewyrchu croniad tymhorol neu flynyddol gwaddodion.

Mae'n bosib gwahaniaethu ymhellach rhwng dyddodion ffrwdrewlifol cyffyrddiad-iâ a dyddodion allolchi. Mae dyddodion allolchi yn profi mwy o **athreuliad** sy'n achosi i'r malurion fynd yn fwy crwn, ac mae'r deunydd wedi ei ddidoli'n well yn llorweddol.

Mae tair prif gylchfa o ddyddodion allolchi yn ymestyn o flaen y rhewlif. O fewn y cylchfaoedd hyn, mae nodweddion gwahanol i'w gweld.

Mae'r **gylchfa brocsimol** (*proximal*) wedi ei lleoli'n union o flaen y rhewlif ac yn agos i'r blaen. Y dŵr tawdd sydd fwyaf pwerus yn y gylchfa hon ac o ganlyniad mae'r dyddodion allolchi yn cynnwys gronynnau a dyddodion mawr. Mae'n bosibl gweld haenau til o fewn y dyddodion allolchiad oherwydd gall rhywfaint o ddyddodiad rhewlifol ddigwydd yma hefyd. Gall dyddodion allolchiad arwain at ffurfiant bwâu llifwaddodol.

Mae'r **gylchfa ganolig** (*medial*) yn bellach o ymyl yr iâ. Mae nentydd dŵr tawdd yn ffurfio sianelau plethog oherwydd amrywiadau dyddiol a thymhorol yn arllwysiad dŵr tawdd. Mae'r gronynnau yn llai o faint ac yn fwy crwn.

Y **gylchfa bellaf** (*distal*) sydd bellaf o ymyl yr iâ. Mae'r patrwm draenio yn debyg i system ddraenio arferol, gyda'r nentydd yn dolennu ar draws gorlifdir eang. Mae'r dyddodion allolchiad wedi'u didoli yn dda ac mae'r gronynnau yn llai o ran maint ac yn fwy crwn.

Tirffurfiau ffrwdrewlifol

Mae dŵr tawdd tanrewlifol yn gallu cloddio sianelau dŵr tawdd mawr. Mae'r rhain yn gallu torri ar draws cyfuchlinau gan mai graddiant gwasgedd hydrostatig sy'n rheoli cyfeiriad llif y dŵr tawdd. Gall dŵr tawdd tanrewlifol lifo i fyny llethr, felly gall fod proffiliau hir, crwm gan y sianelau hyn. Gwelir enghreifftiau o'r sianelau dŵr tawdd hyn mewn sawl rhan o'r DU. Mae Cwm Gwaun yng ngogledd Sir Benfro yn enghraifft arbennig o dda yma yng Nghymru.

Profi gwybodaeth 13

Esboniwch bedwar prif wahaniaeth rhwng dyddodion rhewlifol a dyddodion ffrwdrewlifol.

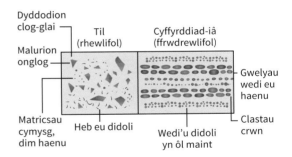

Ffigur 10 Y gwahaniaethau rhwng dyddodion rhewlifol a dyddodion ffrwdrewlifol

Tabl 5 Y prif dirffurfiau sydd wedi eu ffurfio gan ddyddodiad ffrwdrewlifol

	Tirffurf	Ymddangosiad	Proses ffurfio?
Cyffyrddiad-iâ	Esgair	Cefnennau hir, dolennog ar lawr dyffryn	Mae deunydd yn cael ei ddyddodi mewn twneli tanrewlifol wrth i gyflenwad y dŵr tawdd ostwng ar ddiwedd y cyfnod rhewlifol. Mae nentydd tanrewlifol yn gallu trawsgludo llawer iawn o falurion dan wasgedd yn y twneli cul ar waelod yr iâ.
	Delta cnwc gro (*kame*)	Twmpathau bach ar lawr dyffryn	Mae nentydd mewnrewlifol sy'n llifo allan o flaen y rhewlif yn cwympo i lawr y dyffryn, yn colli eu hegni ac yn dyddodi eu llwyth *Neu* Mae nentydd uwchrewlifol yn dyddodi deunydd wrth lifo i mewn i lynnoedd ar ymylon yr iâ.
	Terasau cnwc gro	Cefnennau o ddeunydd ar hyd ymyl llawr dyffryn	Mae nentydd uwchrewlifol ar ochr y rhewlif yn codi a thrawsgludo marian ochrol, yna bydd yn cael ei ddyddodi ar lawr y dyffryn wrth i'r rhewlif encilio.
Cyfrewlifol	Farfau (*varves*)	Haenau o waddodion ar waelod llynnoedd	Mae gwaddodion sy'n cael eu trawsgludo gan nentydd dŵr tawdd yn cael eu dyddodi wrth gyrraedd llyn gan fod egni'r nant yn cael ei golli. Yn yr haf, pan fydd llawer iawn o ddŵr tawdd ar gael, mae'r gwaddodion yn fawr ac yn doreithiog, gan arwain at ffurfio haen eang o waddodion gyda deunyddiau cymharol fawr o ran maint. Yn y gaeaf, mae gwaddodion yn llai niferus ac yn llai o faint gan mai ychydig o ddŵr tawdd sy'n bresennol, felly ceir haenau cul o ddyddodion mân.
	Gwastadedd allolchi (*sandur*)	Ardal eang o waddodion mewn ardal gyfrewlifol (*proglacial*)	Wrth i nentydd dŵr tawdd golli egni yn raddol wrth gyrraedd tir isel, maen nhw'n dyddodi eu llwyth. Mae'r deunydd mwyaf yn cael ei ddyddodi nesaf at flaen y rhewlif a deunydd llai o faint ymhellach i ffwrdd.
	Pyllau tegell	Llynnoedd bach crwn mewn gwastadeddau allolchi	Yn ystod enciliad iâ, mae blociau o iâ llonydd yn datgysylltu o'r iâ. Mae gwaddodion yn cronni o'u cwmpas a phan fyddan nhw'n toddi yn y pendraw, ffurfir pant bychan lle bydd dŵr yn cronni i ffurfio llyn.

Tirffurfiau cyffyrddiad-iâ

■ Mae **esgeiriau** (*eskers*) yn cael eu ffurfio o ganlyniad i ddyddodiad dŵr tawdd tanrewlifol. Dyma gefnennau dolennog o dywod a graean gweddol arw sydd wedi eu dyddodi gan ddŵr tawdd sy'n llifo drwy dwneli mewnrewlifol ond yn fwy cyffredin mewn twneli tanrewlifol. Mae esgeiriau yn amrywio o ran eu maint. Mae esgair fach i'w gweld yn Wark ar yr Afon Tweed yn y DU – mae'n 1 km o hyd, 40 m o led ac 20 m o uchder. Mae esgeiriau i'w gweld hefyd yn ardal Pentir rhwng Bangor a Chaernarfon. Mae rhai esgeiriau yn **esgeiriau cnapiog** (*beaded*) ac mae ganddyn nhw nifer o ddarnau mwy llydan, yn debyg i gadwyn o berlau. Efallai eu bod yn dangos cyfnodau llonydd ar flaen yr iâ.

Y farn gyffredinol yw bod esgeiriau yn cael eu ffurfio pan fydd sianel danrewlifol neu fewnrewlifol yn cael ei rhwystro, sy'n arwain at ddyddodi gwaddodion i fyny gwely'r afon o'r rhwystr. Mae'n rhaid i'r iâ fod yn llonydd er mwyn ffurfio esgair fewnrewlifol – neu bydd y deunydd yn cael ei ailweithio gan symudiad yr iâ rhewlifol. Dull arall posibl o ffurfio esgair yw lle mae delta o ddyddodion ffrwdrewlifol yn ymestyn tuag allan, yn berpendicwlar i ymyl yr iâ, gan ffurfio siâp hir wrth i iâ encilio'n gyflym.

■ Mae **cnyciau gro** (*kames*) fel arfer yn fryniau crwn gydag ochrau serth sy'n amrywio o ran eu siâp a'u maint. Maen nhw'n cael eu ffurfio drwy ddyddodi deunydd o fewn yr iâ, naill ai mewn pant ar wyneb y tir neu grefas, neu fel delta ar hyd ochr rhewlif rhwng ymyl yr iâ ac ochr y llethr. Mae cnwc gro yn dangos tystiolaeth o haenu er y gall ymsuddiant amharu ar yr haenu wrth i'r iâ doddi.

Cyngor i'r arholiad

Gan ddefnyddio Tabl 5 ewch ati i ymchwilio i enghreifftiau o'r prif dirffurfiau.

Profi gwybodaeth 14

Eglurwch y gwahanol ffyrdd y gall esgeiriau gael eu ffurfio.

- Mae **terasau cnyciau gro** yn ffurfio arweddion cymharol ddi-dor sy'n debyg i feinciau (*benches*) o dir ar hyd ochr y dyffryn. Mae teras yn ffurfio wrth i fwlch neu lyn rhwng ochr y dyffryn ac ymyl yr iâ gael ei lenwi â dyddodion ffrwdrewlifol.

- Mae rhai ardaloedd eang o gnyciau gro hefyd yn cynnwys **pyllau tegell** (gweler isod). Mae **topograffi cnyciau gro a phyllau tegell** fel arfer yn datblygu lle mae llawer iawn o ddeunydd ffrwdrewlifol yn cael ei ddyddodi dros arwyneb iâ llonydd sy'n toddi yn y fan a'r lle.

Tirffurfiau cyfrewlifol

Mae gostyngiad cyflym yng ngwasgedd a chyflymder dŵr pan fydd ffrwd fewnrewlifol neu danrewlifol yn gadael blaen y rhewlif. Bydd hyn yn achosi dyddodiad ffrwdrewlifol garw fel **bwa allolchi** (*outwash fan*). Mae bwâu allolchi yn uno i ddod yn rhan o system ddraenio blethog sy'n llawn malurion. Wrth i arllwysiad dŵr tawdd leihau gyda dadrewlifiant, bydd y deunydd ffrwdrewlifol gafodd ei ddyddodi a'i wasgaru gan y system afonydd blethog yn cael ei adael fel gwastadedd allolchi neu **sandur**. Mae gwastadedd allolchi yn arwyneb sy'n goleddu'n raddol ac yn cynnwys tywod a graean crwn sydd wedi'u didoli a'u haenu. Bydd maint y gronynnau yn lleihau'n raddol wrth symud ymhellach o flaen yr iâ.

Mae gwastadeddau allolchi yn gallu cynnwys **pyllau tegell** lle cafodd blociau iâ a oroesodd ddadrewlifiant eu claddu gan ddeunydd allolchi. Ar ôl i'r iâ doddi, mae'r ddaear uwch ei ben yn suddo gan arwain at ffurfio pant sydd wedyn yn llenwi â dŵr. Gan mai dŵr glaw yn unig sy'n bwydo'r pyllau tegell hyn, mae llystyfiant yn cytrefu mewn nifer o'r rhai llai ac achosi iddyn nhw sychu. Yn ardal Ellesmere yng ngogledd Sir Amwythig, mae yna nifer o byllau tegell sy'n amrywio o 400 m i 1.5 km o ran maint.

Profi gwybodaeth 15

Esboniwch pam bod pyllau tegell yn gallu amrywio mewn maint.

Mae **llynnoedd cyfrewlifol** (a elwir hefyd yn llynnoedd ymyl-iâ) yn ffurfio ar hyd blaen rhewlifoedd a llenni iâ lle mae dŵr tawdd sy'n gadael y rhewlif yn cael ei ddal o fewn pant sydd wedi'i rwystro gan iâ rhewlif gyda thir uchel o'i amgylch (Ffigur 11).

Mae'r llynnoedd hyn yn nodweddion dros dro sy'n ddibynnol ar gyflymder y dadrewlifiant. Mae llyn cyfrewlifol yn gallu gwagio'n llwyr drwy lifo dros fwlch (col) sydd yno dros gyfnod o amser, neu mae'r llyn yn gallu sefydlogi ar lefel is os na fydd ymyl yr iâ wedi diflannu'n llwyr.

Gellir dyfalu maint llynnoedd cyfrewlifol blaenorol drwy sylwi ar ffurfiau erydol a dyddodol. Mae ffyrdd cyfochrog Glen Roy yn Ucheldiroedd yr Alban yn dangos **traethlinau** (*strandlines*) cyn lyn cyfrewlifol a ffurfiwyd yn ystod is-gyfnod rhewlifol Loch Lomond. Mae traethlinau, sy'n nodi glan y llyn cyfrewlifol yn gallu ffurfio os yw lefel y dŵr yn y llyn yn sefydlog am gyfnod gweddol hir. Mae hefyd yn bosib dod o hyd i ddeltâu o gyn lynnoedd, lle'r oedd ffrydiau dŵr tawdd wedi dyddodi allolchiad wrth ymuno â'r llyn. Os oedd dŵr y llyn yn weddol lonydd, byddai dyddodion haenog – **farfau** – yn ffurfio. Mae'r rhain yn cael eu nodweddu gan haenau bob yn ail o dywod graenog gweddol arw (lle'r oedd yr iâ yn toddi'n gyflym yn ystod yr haf) ar y gwaelod, a silt neu glai tywyll mân uwchben a ffurfiwyd o ddyddodion crogiant pan oedd wyneb y llyn, a'r nentydd oedd yn ei fwydo, wedi rhewi yn y gaeaf. Mae'r haenau blynyddol hyn o waddod yn adlewyrchu amrywiadau tymhorol mewn arllwysiad o'r rhewlif.

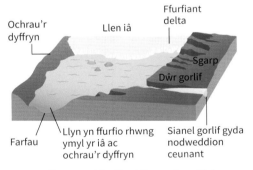

Ffigur 11 Ffurfiant llyn cyfrewlifol

Roedd llynnoedd cyfrewlifol yn nodwedd gyffredin yn y Cyfnod Pleistosen. Ffurfiwyd nifer ohonyn nhw yng nghanolbarth Lloegr, er enghraifft, Llyn Harrison a Llyn Lapworth. Roedd nifer o lynnoedd cyfrewlifol yn enfawr, fel y rhai a ffurfiwyd ar hyd ymylon Llen Iâ Laurentide yng Ngogledd America. Roedd Llyn Agassiz yn gorchuddio ardal tua 300,000 km² ar ei eithaf. Mae draenio Llyn Agassiz yn cael ei gynnig fel mecanwaith adborth posibl ar gyfer dechrau is-gyfnod rhewlifol Loch Lomond.

Mae **sianelau gorlif**, a elwir hefyd yn orlifannau dŵr tawdd, yn cael eu ffurfio pan fydd llynnoedd cyfrewlifol yn gorlifo'r glannau. Ffurf-V agored sydd i'r sianelau hyn, sy'n debyg i geunentydd, ac maen nhw'n ddolennog am eu bod wedi'u creu gan erydu afonol dwys ar hyd llwybr all-lifo. Mae nifer o'r sianelau hyn bellach yn sych neu'n cynnwys nant neu afon fechan (afon afrwydd). Mae'r sianelau gorlif hyn yn gallu arwain at ddargyfeirio systemau cyn-rewlifol.

Crynodeb

- Mae cludiant rhewlifol a ffrwdrewlifol yn cynnwys prosesau uwchrewlifol, mewnrewlifol a thanrewlifol.
- Mae prosesau gwahanol yn creu gwahanol fathau o til (clog-glai). Mae dyddodion rhewlifol, yn wahanol i rai ffrwdrewlifol, yn dueddol o fod yn onglog, heb eu didoli a heb eu haenu.

- Mae tirffurfiau dyddodion rhewlifol yn cynnwys til o fathau gwahanol (abladiad, glyniad ac anffurfiad) a gwahanol fathau o farianau (terfynol, enciliol, ochrol, canol a gwthio) a drymlinau.
- Mae cludiant a dyddodiad ffrwdrewlifol yn arwain at arweddion cyffyrddiad-iâ, fel esgeiriau, cnyciau gro, terasau cnyciau gro ac arweddion cyfrewlifol fel sandurau, farfau, pyllau tegell a llynnoedd tegell.

■ Tirweddau rhewlifol a'u tirffurfiau

Mae'r adran hon yn edrych ar y darlun ehangach er mwyn archwilio sut mae casgliad o dirffurfiau yn cyfrannu at yr amrywiaeth o dirweddau rhewlifol, er enghraifft, o fewn rhanbarthau amrywiol yn yr Alban.

Mae gwahaniaethau mewn tirweddau rhewlifol rhwng yr ucheldir a'r iseldir, a rhwng mathau gwahanol o fâs iâ. Yn gyffredinol, mae ucheldiroedd yn darddle rhewlifoedd a chapiau iâ. Dyma'r lleoliadau y gellir gweld golygfeydd sy'n dangos olion gweithgaredd rhewlifiant clasurol. Mae iseldiroedd yn dueddol o fod yn ardaloedd o iâ llonydd neu iâ sy'n symud yn araf ac felly yn lleoliadau pwysig o ddyddodiad rhewlifol a ffrwdrewlifol ac yn cynnwys arweddion cyfrewlifol sydd tu hwnt i flaen y rhewlif. Mae erydiad gan iâ yn nodwedd amlwg o'r ucheldir gyda dyffrynnoedd ffurf-U trawiadol tra mewn iseldir fel Dyffryn Tweed, mae amrywiaeth eang o arweddion dyddodol ffrwdrewlifol a rhewlifol.

Mae'r sefyllfa yn gymhleth gan fod rhai ardaloedd heb eu gorchuddio gan iâ. O ganlyniad, roedd yr ardaloedd hyn yn cael eu heffeithio gan amodau ffinrewlifol. Fe arweiniodd hyn yn ei dro at ffurfio cyfres arall o dirffurfiau gwahanol (gweler t. 39–41).

Y prif resymau dros yr amrywiaeth o dirweddau rhewlifol yw grym erydu yr iâ, sy'n gysylltiedig ag amrywiaeth o arweddion rhewlif; pa un ai oedd gan y rhewlif waelod cynnes neu waelod oer (gweler t. 14) a pha mor drwchus yw'r iâ, sy'n effeithio ar gyflymder symudiad yr iâ ac felly ei rym erydu. Ffactorau pwysig yn lleol yw daeareg, amlder bregau, caledwch y graig a'r dirwedd (presenoldeb llwybrau a bylchau, ac ongl y llethrau).

Cyngor i'r arholiad

Lluniwch gyfres o ddiagramau gyda labeli i ddangos tirweddau penodol. Defnyddiwch enghreifftiau o'r DU a thu hwnt i gefnogi eich gwaith. Defnyddiwch y rhestr wirio ar dudalen 23 i'ch cynorthwyo. Dylech hefyd lawrlwytho mapiau o'ch ardaloedd dewisol.

Tirweddau rhewlifol yr ucheldir a ffurfiwyd gan rewlifoedd dyffryn

Mae Ffigur 12 yn dangos yr arweddion clasurol sy'n gysylltiedig â **rhewlifiant ucheldiroedd** gan rewlifoedd alpaidd neu rewlifoedd dyffryn. Mae masau iâ symudol, ac felly eu grym erydu, yn crynhoi mewn dyffrynnoedd i ffurfio cafnau rhewlifol dwfn. Mae'r rhewlifoedd hyn naill ai'n rhewlifoedd sy'n llifo o gap iâ neu faes iâ, neu'n tarddu mewn un neu fwy o groniadau iâ ar ben y dyffryn, e.e. cyfres o rewlifoedd peiran.

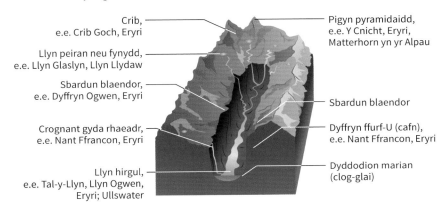

Crib,
e.e. Crib Goch, Eryri

Llyn peiran neu fynydd,
e.e. Llyn Glaslyn, Llyn Llydaw

Sbardun blaendor,
e.e. Dyffryn Ogwen, Eryri

Crognant gyda rhaeadr,
e.e. Nant Ffrancon, Eryri

Llyn hirgul,
e.e. Tal-y-Llyn, Llyn Ogwen,
Eryri; Ullswater

Pigyn pyramidaidd,
e.e. Y Cnicht, Eryri,
Matterhorn yn yr Alpau

Sbardun blaendor

Dyffryn ffurf-U (cafn),
e.e. Nant Ffrancon, Eryri

Dyddodion marian
(clog-glai)

Ffigur 12 Yr arweddion sy'n gysylltiedig â rhewlifiant ucheldiroedd

Mae trawsbroffil a hydbroffil cafn rhewlifol yn bwysig. Mae gan rai cafnau rhewlifol ffurf-U pendant iawn, fel Lauterbrunnen yn y Swistir ond mae gan y mwyafrif drawstoriad parabolig lletach a gerfiwyd wrth i'r masau iâ ledu, dyfnhau a sythu dyffrynnoedd afonydd. Gwelir yr iâ mwyaf trwchus yng nghanol y dyffryn ac yn y fan hon mae'r erydu ar ei fwyaf pwerus. Mae ffactorau lleol eraill fel daeareg hefyd yn chwarae eu rhan. Er enghraifft, mae cafn rhewlifol Buttermere-Crummock ym Mro'r Llynnoedd yn Lloegr yn anghymesur o ran ei siâp gan fod creigiau o wydnwch gwahanol ar ddwy ochr y dyffryn.

Gellir disgrifio tirweddau ucheldiroedd rhewlifol drwy ystyried y cyfan o elfennau'r dirwedd:

- natur y dirwedd yn y tarddle, er enghraifft, peirannau, cribau a phigynnau pyramidaidd
- arweddion y cafn rhewlifol fel crognentydd, sbardunau blaendor a llynnoedd hirgul
- arweddion dyddodol, fel marianau enciliol
- arweddion bychan (*micro*) fel rhychiadau, rhewgreithiau neu feini dyfod
- arweddion ffinrewlifol, yn y mannau lle nad oedd ochrau'r dyffryn wedi'u gorchuddio gan iâ, fel tyrrau a sgrïau, h.y. tir uwchlaw'r **llinell derfyn**
- addasiadau ôl-rewlifol, fel erydu afonol gan nentydd afrwydd neu ffurfiant bwa llifwaddod ar waelod crognant ac ati, yn ogystal â mewnlenwi llynnoedd hirgul ac addasu'r patrwm draenio.

Wrth i rewlifoedd dyffryn symud tua'r iseldir, aeth rhai rhewlifoedd ond ychydig y tu hwnt i'w tarddle. Roedd hyn yn arbennig o wir yn ystod cyfnod olaf rhewlifiant, fel yn ystod is-gyfnod rhewlifol Loch Lomond. Fe wnaeth rhai rhewlifoedd uno â'i gilydd i ffurfio llenni iâ iseldir, gan ddatblygu arweddion rhewlifol a ffrwdrewlifol.

Tirweddau wedi'u ffurfio gan lenni iâ

Mae llenni iâ yn gallu ffurfio mewn ucheldiroedd ac iseldiroedd gan greu tirweddau cyferbyniol.

Erydiad llenni iâ

Mae faint o erydiad sy'n digwydd o dan len iâ yn amrywio'n fawr. Y ffactorau allweddol sy'n effeithio ar y cyfraddau erydu yw trwch neu ddyfnder yr iâ, cyflymder y symudiad ond yn bennaf amrywiaeth tymheredd y llen iâ (sef gwaelod cynnes neu waelod oer). Mae'r dirwedd waelodol sydd o dan yr iâ, daeareg a pha mor hir y parhaodd gorchudd y llen iâ hefyd yn ffactorau arwyddocaol. Y math mwyaf cyffredin o erydiad llen iâ yw **sgwriad awyrol** (*aerial scouring*), sy'n ffurfio tirwedd o fryniau isel, gweddol wastad sydd wedi eu llyfnhau gan iâ, fel y gwelir yn Ffigur 13.

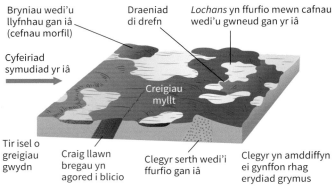

Bryniau wedi'u llyfnhau gan iâ (cefnau morfil)

Cyfeiriad symudiad yr iâ

Draeniad di drefn

Lochans yn ffurfio mewn cafnau wedi'u gwneud gan yr iâ

Creigiau myllt

Tir isel o greigiau gwydn

Craig llawn bregau yn agored i blicio

Clegyr serth wedi'i ffurfio gan iâ

Clegyr yn amddiffyn ei gynffon rhag erydiad grymus

Ffigur 13 Erydiad rhewlifol ar iseldir

Mae'r math hwn o dirwedd yn gysylltiedig â gorchudd eang o iâ sydd â gwaelod cynnes sy'n symud yn weddol araf, gan erydu'r creigwely caled yn ôl pa mor galed yw'r gwahanol greigiau. Felly, mae adeiledd y graig waelodol yn cael effaith sylweddol ar gyfeiriad a maint y tirffurfiau sydd wedi eu ffurfio gan erydiad. Mae'r dirwedd yn cynnwys ardaloedd eang o greigwely wedi'i erydu yn danrewlifol ac yn cynnwys cefnau morfil, creigiau myllt a chafnau craig wedi'u gorddyfnhau.

Yng ngogledd-orllewin Yr Alban (Sutherland ac Ynys Lewis) mae tirwedd **knock and lochan** yn gyffredin. Mae ardaloedd uwch o graig wydn (*knocks*) gyda nifer o lynnoedd bach hwnt ac yma ym masn y graig (*lochans*). O ganlyniad i hyn mae'r patrwm draenio yn hollol **ddi-drefn** gyda gweddillion o farianau yn aml yn ymyrryd â'r draeniad. Mae tirweddau o sgwrio awyrol hefyd i'w gweld fel cadwyn o lynnoedd yng nghanolbarth y Ffindir a Thariandir Canada. Mae'r ddwy ardal yn cynnwys creigiau hynafol igneaidd a metamorffig gwydn ble mae erydu gwahaniaethol yn ôl nifer y bregau sydd o fewn y graig. Mae'r ardaloedd hyn hefyd yn gallu cynnwys enghreifftiau o dirweddau graddfa ganolig **clegyr a chynffon** (gweler t. 25).

Mae gwaith yn Antarctica wedi cadarnhau nad llenni iâ fu'n gyfrifol am greu tirffurfiau'r tariandiroedd mawr, a oedd wedi eu gwneud bron yn wastad gan ddinoethiad cyn yr Oes Iâ. Fodd bynnag, roedd y llenni iâ hyn yn gyfrifol am addasu'n sylweddol y dirwedd roedden nhw'n symud drosti gan adael tirwedd isel (yn is na 100 m) gydag arweddion graddfa ganolig a bach.

Mae tirweddau gwahanol yn cael eu ffurfio pan fydd gan y llenni iâ waelod oer. Nid oes llawer o erydu rhewlifol yn digwydd pan fydd llwyfandiroedd uchel wedi'u gorchuddio â llenni iâ tenau gydag ychydig neu ddim llwyth gwaelodol, fel llwyfandir y Cairngorms, gorllewin Grønland neu Ynys Baffin, Canada. Mae'r dirwedd yn dueddol o gynnwys mantell o falurion wedi'u hindreulio, gyda llethrau esmwyth a meini dyfod gwasgaredig, neu dyrrau achlysurol fel yn yr Arctig yng ngogledd Canada.

Dyddodiad llenni iâ

Mae **dyddodiad llenni iâ** yn digwydd pan fydd nifer o ffynonellau iâ yn uno i ffurfio llenni iâ enfawr. Oherwydd natur y dirwedd maen nhw'n symud yn araf iawn neu'n llonydd, er enghraifft, dros lawer o iseldir Lloegr fel Swydd Efrog a Chanolbarth Lloegr

Profi gwybodaeth 16

Beth yw'r gwahaniaeth rhwng tirffurf (*landform*) a thirwedd (*landscape*).

neu dros gyfandir Ewrop gan gynnwys y rhan fwyaf o Ddenmarc, de Sweden a gwastadedd Gogledd Ewrop, yn ogystal â de Canada a gogledd UDA.

Wrth gwrs, mae yna gyfres o arweddion dyddodol (gweler Ffigur 14) sy'n digwydd cyn ac o flaen y marianau terfynol arwyddocaol sy'n nodi ymyl y llen iâ. Mae arweddion y dirwedd yn gymhleth oherwydd yn aml byddai cyfres o ailgynyddu, cyfnodau llonydd ac enciliadau yn digwydd ar flaen y llen iâ.

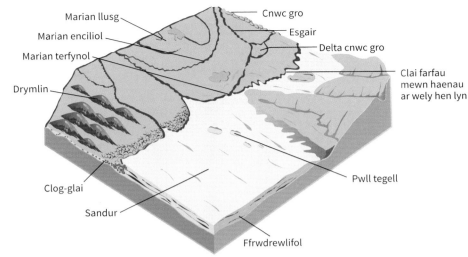

Ffigur 14 Dyddodiad rhewlifol gan lenni iâ

Labels in figure: Marian llusg, Marian enciliol, Marian terfynol, Drymlin, Clog-glai, Sandur, Cnwc gro, Esgair, Delta cnwc gro, Clai farfau mewn haenau ar wely hen lyn, Pwll tegell, Ffrwdrewlifol

Crynodeb

- Mae tirweddau rhewlifol yn amrywio rhwng ucheldiroedd ac iseldiroedd. Mae amrywiadau hefyd rhwng ardaloedd sydd wedi'u heffeithio gan lenni iâ ac ardaloedd sydd wedi'u heffeithio gan rewlifoedd dyffryn.
- Mae ucheldiroedd yn fannau lle gwelir golygfeydd gwych ac enghreifftiau clasurol o dirlun rhewlifol gyda dyffrynnoedd ffurf-U, tra bod iseldiroedd yn dueddol o ddangos dyddodiad rhewlifol ac arweddion ffrwdrewlifol, gan gynnwys arweddion cyfrewlifol.
- Mae'r math o dirwedd llen iâ yn dibynnu ar rym erydu yr iâ, pa un ai oes gan y rhewlif waelod cynnes neu oer, trwch yr iâ, cyflymder y symudiad, a'r ddaeareg, amlder y bregau, caledwch y graig a thopograffi.
- Sgwriad awyrol yw'r math mwyaf cyffredin o erydiad llen iâ sy'n ffurfio tirwedd o fryniau isel, gweddol wastad sydd wedi'u llyfnhau gan iâ. Mae llenni iâ sydd â gwaelod oer yn achosi erydiad rhewlifol cyfyngedig, tirweddau â mantell o falurion wedi'u hindreulio, llethrau esmwyth a llyfn a meini dyfod gwasgaredig.
- Mae tirweddau dyddodol llenni iâ yn cynnwys arweddion fel marianau, gwastadeddau allolchi, pyllau tegell, drymlinau ac esgeiriau.

Prosesau ffinrewlifol a ffurfio arweddion cysylltiedig

Amgylcheddau ffinrewlifol

Yn draddodiadol, mae'r term **ffinrewlifol** wedi cyfeirio at yr amodau hinsoddol a'r dirwedd a oedd yn nodweddu ardaloedd ger ymylon iâ rhewlifol yn ystod y cyfnod Pleistosen, neu am gyfnod cyn dyfodiad amodau rhewlifol. Fodd bynnag, mae'r term bellach yn cael ei ddefnyddio'n fwy eang i gynnwys y cyfan o'r ardaloedd hinsawdd oer sydd heb fod yn rhewlifol, gydag amrediad eang o amgylcheddau lledredau uchel a thir uchel sy'n gallu cynnwys rhewlifoedd neu beidio.

Mae hinsoddau ffinrewlifol yn debygol o fod â llawer o'r nodweddion canlynol:

- rhew caled yn ystod y gaeaf ac ar unrhyw dir sydd heb eira yn ystod yr haf
- tymheredd blynyddol cyfartalog rhwng 1°C a −4°C
- tymheredd dyddiol islaw 0°C am o leiaf 9 mis, ac islaw −10°C am o leiaf 6 mis y flwyddyn
- tymheredd bron byth yn codi uwchlaw 18°C, hyd yn oed yn yr haf
- dyodiad isel, fel arfer llai na 600 mm y flwyddyn (<100 mm yn y gaeaf ac <500 mm yn yr haf)
- tymheredd yn amrywio'n gyson rhwng cyfnodau o rewi a dadmer gan achosi i iâ mewn craciau doddi.

Mae'r amodau hinsoddol hyn yn achosi amrywiaeth o brosesau ffinrewlifol, sy'n cyfuno i ffurfio tirweddau nodedig sy'n cynnwys rhai tirffurfiau sy'n unigryw i ardaloedd ffinrewlifol. Fodd bynnag, mae rhai prosesau fel gweithgaredd rhew yn gyffredin mewn lleoedd eraill ond eu bod yn llai dwys nag mewn ardaloedd ffinrewlifol.

Rhew parhaol

Mae **rhew parhaol** (*permafrost*) yn cael ei ddiffinio'n fras fel 'tir sydd wedi'i rewi yn barhaol'. Yn hollol fanwl mae'r term yn cyfeirio at bridd a chreigiau sy'n parhau wedi rhewi gan nad ydy'r tymheredd yn codi uwchlaw 0°C ym misoedd yr haf am o leiaf dwy flynedd yn olynol.

- Mae **rhew parhaol di-dor** (gweler Ffigur 15) yn ffurfio yn ardaloedd oeraf y byd lle mae tymheredd cymedrig blynyddol yr aer islaw −6°C. Mae'n gallu ymestyn i mewn i'r ddaear am gannoedd o fetrau.
- Mae **rhew parhaol bylchog** (*discontinuous*) yn fwy ysbeidiol ac yn deneuach.
- Mae **rhew parhaol achlysurol** yn digwydd ar ymylon amgylcheddau ffinrewlifol ac mae fel arfer yn ysbeidiol a thua ychydig fetrau o drwch yn unig. Mae'n gyffredin ar ochrau cysgodol mynyddoedd neu o dan haen o fawn.

Profi gwybodaeth 17

Esboniwch y gwahaniaeth rhwng amodau ffinrewlifol a rhew parhaol.

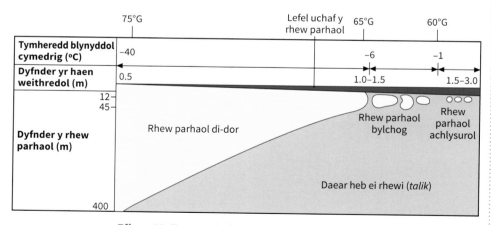

Ffigur 15 Trawstoriad o ardaloedd o rew parhaol

Yn yr haf, mae'r cydbwysedd egni yn gadarnhaol, sy'n achosi i eira ac iâ ar y wyneb i doddi i greu cylchfa dymhorol sydd heb ei rhewi uwchben y rhew parhaol. Dyma'r haen weithredol sy'n amrywio mewn dyfnder o ychydig gentimetrau i 3.0 metr.

Mae hyd at 25% o arwyneb y Ddaear yn profi amodau rhew parhaol ar hyn o bryd, yn enwedig yn hemisffer y gogledd (Siberia a bron 50% o Ganada ac 80% yn Alaska). Tra bod amgylcheddau ffinrewlifol fel arfer yn cynnwys rhew parhaol, weithiau mae ardaloedd o weithgaredd ffinrewlifol yn cynnwys llawer o weithgaredd rhew tu allan i'r gylchfa rhew parhaol.

Mae nifer o ffactorau yn dylanwadu ar ddosbarthiad a chymeriad rhew parhaol:

- Hinsawdd yw'r prif ffactor. Tymheredd ynghyd â faint o leithder sydd ar gael sy'n penderfynu presenoldeb, dyfnder ac ehangder y rhew parhaol.
- Ar raddfa leol, mae nifer o ffactorau sy'n cydweithio â'i gilydd yn dylanwadu ar ddyfnder ac ehangder y rhew parhaol:
  - mae agosrwydd at gyrff dŵr yn bwysig – gan fod llynnoedd yn weddol gynnes, byddan nhw'n aros heb eu rhewi drwy'r flwyddyn ac mae ganddyn nhw haen weithredol ddofn
  - mae ongl a chyfeiriad y llethr yn dylanwadu ar faint o belydriad solar sydd, ac felly ar ba mor gyflym mae'n toddi, proses rhewi-dadmer a gwynt
  - mae natur arwyneb y ddaear (sy'n cynnwys gwahanol fathau o graig a phridd) yn gallu penderfynu ar faint a dyfnder y rhew parhaol, e.e. mae creigiau tywyll yn amsugno mwy o belydriad solar na chreigiau golau
  - mae gorchudd o lystyfiant yn gallu ynysu'r ddaear rhag eithafion tymheredd
  - mae gorchudd o eira yn gallu arafu'r broses o rewi yn ystod y gaeaf yn ogystal ag arafu'r broses o ddadmer yr haen weithredol yn y gwanwyn.

I gloi, mae dyfnder rhew parhaol yn cael ei effeithio gan y cydbwysedd egni ar yr arwyneb, nodweddion thermol deunyddiau sydd dan yr arwyneb, yn ogystal â llif gwres geothermol i fyny drwy'r ddaear.

Prosesau a thirffurfiau ffinrewlifol

Mae amgylcheddau hinsawdd oer yn datblygu geomorffoleg nodedig o ganlyniad i bedair proses sylfaenol:

1. Dŵr yn ehangu 9% wrth iddo rewi. Mae hyn yn achosi rhewfriwio (*frost shattering*) sy'n arwain at ffurfio meysydd o glogfeini a sgrïau.

2. Priddoedd sy'n rhewi'n gyflym yn cyfangu a hollti, gan arwain at ffurfiant lletemau iâ (*ice wedges*), yn ogystal â gwthiad rhew (*ice heaving*) sy'n creu tir patrymog.

3. Dŵr o dan yr wyneb yn cael ei sugno at y 'blaen rhewi' sy'n arwain at ddarnau o iâ yn cael eu gwahanu oddi wrth ei gilydd. Mae hyn yn ffurfio lens iâ, *palsa* (twmpath sy'n codi o'r gors sydd â chraidd o iâ) a *pingo* (tomen gyda haen o bridd dros graidd o iâ).

4. Màs-symudiad o'r haen weithredol i lawr llethr, sy'n digwydd yn bennaf drwy **briddlif** (*solifluction*). Mae'n creu llabedau'n ymestyn allan a therasau.

O'r holl brosesau hyn, rhewfriwio yn unig sy'n digwydd y tu allan i ardaloedd ffinrewlifol. Mae'r tair proses arall yn gysylltiedig â rhew parhaol, ac mae toddi a symudiadau o fewn yr haen weithredol yn unigryw i ardaloedd ffinrewlifol. Fel y mae Ffigur 16 yn ei ddangos mae prosesau eraill fel gwaith gwynt ac afon hefyd yn gyffredin, ond dydyn nhw ddim yn gyfyngedig i ardaloedd ffinrewlifol.

Profi gwybodaeth 18

Diffiniwch y term 'priddlif'.

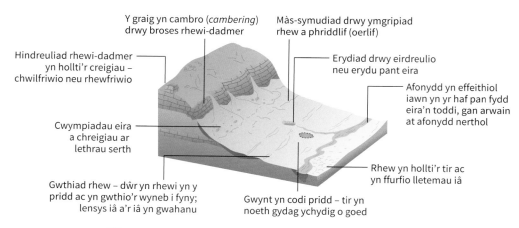

Hindreuliad rhewi-dadmer yn hollti'r creigiau – chwilfriwio neu rhewfriwio

Y graig yn cambro (*cambering*) drwy broses rhewi-dadmer

Màs-symudiad drwy ymgripiad rhew a phriddlif (oerlif)

Erydiad drwy eirdreulio neu erydu pant eira

Afonydd yn effeithiol iawn yn yr haf pan fydd eira'n toddi, gan arwain at afonydd nerthol

Cwympiadau eira a chreigiau ar lethrau serth

Gwthiad rhew – dŵr yn rhewi yn y pridd ac yn gwthio'r wyneb i fyny; lensys iâ a'r iâ yn gwahanu

Gwynt yn codi pridd – tir yn noeth gydag ychydig o goed

Rhew yn hollti'r tir ac yn ffurfio lletemau iâ

Ffigur 16 Prosesau sy'n ffurfio tirweddau ffinrewlifol

Arweddion iâ ar wyneb y ddaear

Mae'r prif arweddion iâ ar wyneb y ddaear yn cynnwys:

1 Rhwydwaith o **bolygonau lletemau iâ** (*ice wedge polygons*) sy'n gwbl unigryw i ardaloedd ffinrewlifol. Mae'r broses rhewfriwio'n creu ardaloedd o bolygonau afreolaidd, fel arfer tua 5–20 m ar draws, sydd i'w gweld ar lawr dyffryn. Mae lletemau iâ yn dechrau ffurfio pan fydd yr haen weithredol yn dadmer wrth i ddŵr tawdd lifo i mewn i graciau yn ystod y dadmer. Mae'r dŵr wedyn yn rhewi a chyfangu sy'n galluogi'r lletem iâ i gynyddu mewn maint dros gyfnod o amser. Fel arfer, mae'r lletemau iâ mwyaf â siâp pigfain, tua 1–2 m o led a chyn ddyfned â 10 m gan ymestyn i lawr i'r rhew parhaol. Gall y rhain gymryd dros 100 mlynedd i ffurfio.

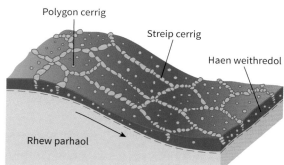

Polygon cerrig

Streip cerrig

Haen weithredol

Rhew parhaol

Ffigur 17 Daear batrymog

2 **Daear batrymog** (Ffigur 17) ydy'r term cyffredinol ar gyfer amrywiaeth o arweddion gan gynnwys cylchoedd, rhwydi, polygonau, stepiau a streipiau. Mae'r arweddion hyn yn unigryw i ardaloedd ffinrewlifol ac fe'u ffurfir gan gyfres o symudiadau sy'n ganlyniad i weithgaredd rhew. Mae **gwthiad rhew** (*frost push*) yn gwthio cerrig i fyny, ac mae **ymchwydd rhew** (*frost heave*) yn achosi i gerrig symud allan i ffurfio cylchoedd sy'n darparu'r sylfaen ar gyfer pob un o'r patrymau eraill. Mae'r ymchwydd yn y tir yn creu cromen (*dome*) sy'n golygu bod y cerrig mwy o faint yn rholio allan oherwydd disgyrchiant tra bod gwaddodion mân yn aros yn y canol. Mae màs-symudiad yn achosi i bolygonau cerrig i ymestyn yn **rhwydi** a **streipiau cerrig**, gyda pherthynas glir rhwng ongl y llethr a'r math o ddaear batrymog. Pan fydd graddiant y llethr yn fwy na 30°, dydy nodweddion daear batrymog ddim yn ffurfio a gall cwympiadau craig ddigwydd.

3 Mae **lensys iâ** mawr yn ffurfio'n araf mewn pridd sydd wedi rhewi pan fydd dŵr yn symud i'r 'ffrynt sydd wedi rhewi' mewn ardaloedd o rew parhaol.

4 Mae **pingoau** yn nodwedd ffinrewlifol unigryw. Twmpathau â chraidd o iâ ydyn nhw, 30–70 m mewn uchder a thua 100–500 m mewn diamedr. Gall y twmpathau fod yn siâp crwn neu'n siâp hirgul. Mae twf y craidd iâ yn gwthio'r gwaddodion sydd uwchlaw'r iâ i fyny gan achosi **craciau ymlediad** (*dilation cracks*). Unwaith y bydd y craidd iâ yn ymddangos ar yr wyneb bydd yn toddi gan achosi pen y pingo

i ddymchwel i ffurfio crater all gael ei lenwi â dŵr tawdd a gwaddodion. Mae yna ddau fath o pingo:

i   Pingo system agored (math hydrolig neu fath Dwyrain Grønland). Mae'r rhain i'w gweld mewn ardaloedd o rew parhaol bylchog neu ar lawr dyffryn. Mae dŵr daear yn cael ei dynnu at y craidd iâ sy'n ehangu fel bod y pingo yn tyfu i fyny o'r ddaear.

ii   Pingo system gaeedig (math hydrostatig neu fath delta Mackenzie). Mae'r rhain yn gysylltiedig ag ardaloedd o dir isel a gwastad mewn ardaloedd o rew parhaol di-dor yn unig. Maen nhw'n cael eu creu o'r rhew-parhaol sy'n *ehangu ar i lawr* ac yn digwydd yn aml ar ôl i lyn bach gael ei lenwi'n raddol gan waddodion. Heb ddylanwad ynysol y llyn, mae'r rhew parhaol yn gallu symud yn ei flaen, gan ddal y corff dŵr a'i roi o dan wasgedd hydrostatig a'i rewi yn y pen draw, gan wthio'r gwaddod uwchben i fyny.

Hindreuliad rhew a màs-symudiad

Rôl rhewfriwio

Mae hindreuliad rhewi-dadmer yn creu gwasgedd mewn holltau yn y graig gan eu malurio. Er nad ydy'r broses yn unigryw i amgylchedd ffinrewlifol, mae'r broses hon yn fwy difrifol yno.

Mae'r arweddion sy'n cael eu creu gan broses rhewi-dadmer yn cynnwys:

- **cludeiriau** (*felsenmeer* neu 'môr o greigiau') sy'n gasgliad o gerrig mawr onglog sydd wedi'u rhewfriwio ac yn aml wedi eu gwasgaru ar draws ardaloedd o lwyfandiroedd gwastad. Maen nhw i'w gweld yn y fan lle cawson nhw eu ffurfio wrth i greigwely â bregau brofi ymchwydd rhew a hindreuliad rhewi-dadmer.

- **tyrrau** (*tors*) gyda chopaon 'coron' yn sefyll uwchlaw'r cludeiriau. Maen nhw'n ffurfio mewn ardaloedd lle mae'r creigiau'n fwy gwydn – er enghraifft, mewn craig sy'n cynnwys llai o fregau.

- **llethrau sgri** (enw arall arno yw **talws**). Maen nhw'n cael eu ffurfio pan mae malurion craig yn cwympo ac yn crynhoi ar waelod clogwyni. Y mwyaf yw maint y deunydd, y mwyaf serth bydd y llethr.

- **rhagfuriau blaentalws** (*protalus ramparts*). Maen nhw'n cael eu creu os oes clwt o eira wedi setlo ar waelod clogwyn. Pan fydd y creigiau sydd wedi eu rhewfriwio yn cwympo arno mae'r clwt eira yn gweithredu fel byffer, felly mae'r creigiau yn setlo ar waelod y clwt eira, gan adael rhagfuriau o glogfeini wedi i'r eira doddi.

- **rhewlifoedd creigiog** (*rock glaciers*). Maen nhw'n cael eu ffurfio pan fydd llawer o graig wedi'i rhewfriwio yn cymysgu gydag iâ. Ar yr wyneb, maen nhw'n edrych fel nentydd neu fwau o greigiau onglog, ond maen nhw wedi'u cysylltu a'r iâ islaw ac yn symud yn araf fel rhewlifoedd, hyd at un metr y flwyddyn.

Rôl màs-symudiad

Mewn amgylcheddau ffinrewlifol y prosesau màs-symudiad pwysicaf ar y llethrau yw ymgripiad rhew a phriddlif.

- Ffurf araf o fàs-symudiad yw **ymgripiad rhew**. Mae'n symud deunydd ychydig o gentimetrau i lawr llethr mewn blwyddyn, hyd yn oed ar y llethrau mwyaf serth.

- Mae **priddlif** (*solifluction*) yn digwydd mewn rhanbarthau lle mae rhew parhaol o dan yr wyneb. Yn ystod misoedd yr haf, mae'r haen weithredol yn toddi gan ffurfio haen symudol sy'n llawn dŵr tawdd. Mae hyn yn arwain at ffurfiant **llabedau** (*lobes*) o gerrig neu dyweirch ar lethrau rhwng 10° a 20°. Mae terasau neu feinciau (*benches*) yn ffurfio ar lethrau mwy graddol. Mae'r dyddodion a grëwyd yn casglu ar waelod dyffrynnoedd ffinrewlifol ac yn cael eu hadnabod fel craig flaen/cwmgraig (*coombe rock*). Mae dadansoddiad o'r **clastau** (cerrig o fewn y dyddodion) yn dangos cyfeiriad i lawr y llethr a siapiau onglog ac is-onglog.

- Mae **dyffrynnoedd anghymesur** yn digwydd mewn amgylcheddau ffinrewlifol. Mae cyfraddau gwahaniaethol o ran priddlif ac ymgripiad rhew yn golygu bod un ochr o'r dyffryn yn fwy serth na'r ochr arall. Er enghraifft, yn hemisffer y gogledd, mae llethrau sy'n wynebu'r de yn derbyn mwy o ddarheulad. Mae'r llethrau hyn yn dadmer yn fwy aml gan gynyddu lleithder pridd a hwyluso màs-symudiad, gan arwain at lethr llai serth. Mae nifer o'r dyffrynnoedd hyn bellach yn **ddyffrynnoedd sych** gan fod y nentydd dŵr tawdd oedd yno yn y cyfnod ffinrewlifol ddim yn bodoli mwyach.

Byddwch yn aml yn darganfod dyddodion o ganlyniad i briddlif ar lawr dyffryn anghymesur.

Rôl eira

Mae proses **eirdreulio** (*nivation*) yn digwydd mewn lle penodol a chyfyngedig pan fydd hindreuliad rhew ac erydiad yn digwydd o gwmpas ac o dan glwt o eira. Mae'n broses gyffredin mewn ardaloedd ffinrewlifol ac yn arwain at ffurfiant **pant eirdreulio** ar waelod llethr (mae'r rhain yn gallu arwain at ffurfiant peiran).

Effeithiau dŵr a gwynt mewn ardal ffinrewlifol

Rôl gwynt ac afonydd dŵr tawdd

Mae llawer o ardaloedd ffinrewlifol yn gras iawn gan fod llawer o'r dŵr wedi rhewi fel nad yw ar gael ar gyfer tyfiant planhigion (**sychder ffisiolegol**). Mae absenoldeb llystyfiant yn cynnig digon o gyfle ar gyfer gwaith gwynt. Yn ystod yr Oesoedd Iâ Pleistosen, roedd dyddodion mân o faint silt yn casglu ar wastadeddau allolchi eang (**sandurs**) yn tarddu o lenni iâ mawr Ewrop a Gogledd America. Roedden nhw'n cael eu chwythu tua'r de a'u dyddodi fel dyddodion **marianbridd** (*loess*). Mae llwyfandiroedd marianbridd a'u priddoedd ffrwythlon yn gorchuddio rhannau helaeth o Ewrop a Gogledd America.

Mae **erydiad dŵr** mewn ardaloedd ffinrewlifol yn dymhorol iawn. Mae'n digwydd yn bennaf yn y gwanwyn a dechrau'r haf, pan fydd eira ac iâ arwynebol a'r haen weithredol yn toddi, gan arwain at gyfnodau byr o arllwysiadau uchel o ddŵr tawdd. Ar ymyl y rhewlif mae'r patrwm draenio gan amlaf yn **blethog** oherwydd nifer uchel y malurion sy'n cael eu cario gan y nentydd dŵr tawdd.

Mae amgylcheddau ffinrewlifol yn cynnwys tirffurfiau unigryw yn ogystal â thirffurfiau eraill sy'n fwy cyffredin fel llwyfandiroedd marianbridd a draeniad plethog. Cyfuniad yr arweddion hyn, yn ogystal â phresenoldeb ecosystemau a phriddoedd twndra, sy'n creu tirweddau nodweddiadol ardaloedd ffinrewlifol.

Arweddion ffinrewlifol creiriol

Pan fydd yr hinsawdd yn cynhesu, mae arweddion ffinrewlifol yn gallu ffurfio arweddion creiriol (*relict*) nodedig. Dan amodau **pararewlifol** (*paraglacial*) (sef amgylchedd sydd heb rewlif erbyn hyn ond sydd wedi ei effeithio gan rewlif yn y gorffennol), mae'r rhew parhaol yn toddi'n gyflym gan ffurfio tirwedd **thermocarst**.

Cyngor i'r arholiad

Mae amgylcheddau ffinrewlifol yn rhan o amgylcheddau oer eraill ehangach. Bydd angen i chi ddeall beth yw'r cysylltiad rhwng amgylcheddau ffinrewlifol ac amgylcheddau rhewlifol.

Profi gwybodaeth 19

Gwnewch dabl i restru'r holl dirffurfiau ffinrewlifol yr ydych yn eu hystyried yn dirffurfiau unigryw.

Profi gwybodaeth 20

Esboniwch y term 'arwedd ffinrewlifol greiriol'.

Maen nhw wedi'u henwi'n dirweddau thermocarst am fod y pantiau yn atgoffa gwyddonwyr o'r llyncdyllau sydd i'w gweld mewn tirwedd calchfaen (*carst*). Mae'r dirwedd yma'n cynnwys ardaloedd eang o bantiau arwynebol a llynnoedd ffurf afreolaidd.

Fodd bynnag, mewn ardaloedd fel y DU, dim ond yn gymharol ddiweddar y mae nifer o'r nodweddion 'dirgel' hyn wedi cael eu priodoli i'r amodau ffinrewlifol a ddigwyddodd yn ystod yr oes iâ ddiwethaf. Mae hyn wedi dod i'r amlwg drwy gynnal gwaith ymchwil mewn ardaloedd ffinrewlifol heddiw.

Crynodeb

- Mewn iâ daear, mae gwaith rhew a chroniad iâ yn arwain at arweddion fel polygonau lletemau iâ, daear batrymog, pingoau a lensys iâ.
- Mae hindreuliad iâ a màs-symudiad yn arwain at arweddion fel cludeiriau a llethrau sgri, rhagfuriau blaentalws, terasau priddlif, craig flaen/cwmgraig a phantiau eirdreulio (o dan yr eira).
- Ymgripiad iâ a phriddlif ydy'r prosesau màs-symudiad pwysicaf ar lethrau mewn amgylcheddau ffinrewlifol, sy'n achosi arweddion fel llabedau o gerrig neu dyweirch, terasau neu ystlysau a dyffrynnoedd anghymesur. Mae nifer o'r dyffrynnoedd anghymesur bellach yn ddyffrynnoedd sych.
- Mae gwaith dŵr a gwynt mewn ardal ffinrewlifol yn ffurfio draeniad plethog a llwyfandiroedd marianbridd (*loess*).
- Mae tirweddau thermocarst (sydd ag arweddion creiriol) gydag ardaloedd eang o bantiau ar wyneb y tir a llynnoedd ffurf afreolaidd yn ffurfio wedi i'r rhew parhaol doddi'n gyflym.

■ Amrywiadau mewn prosesau a thirffurfiau rhewlifol dros amser

Mae Tabl 6 yn dangos yr amrywiaeth o raddfeydd amser sy'n gysylltiedig â phrosesau a thirffurfiau rhewlifol.

Tabl 6 Graddfa dymhorol prosesau a thirffurfiau rhewlifol

	Graddfa amser	Proses a thirffurfiau
Cyflym	Eiliadau, munudau, wythnosol	Màs-symudiad fel cwympiadau creigiau, eirlithradau, llifogydd rhewlifol a gorlifoedd o lynnoedd cyfrewlifol
	Tymhorol Blynyddol	Newidiadau mewn croniad ac abladiad Llifoedd nentydd dŵr tawdd a dyddodiant gwaddodol Newidiadau mewn rhew parhaol – dyfnder yr haen weithredol Newidiadau yng nghydbwysedd net rhewlif (newidiadau cadarnhaol neu negyddol)
	Fesul degawd Fesul canrif	Tueddiadau a chydbwysedd rhewlifoedd (newidiadau cronnus) Effeithiau cynhesu byd-eang ar faint rhewlifoedd
Araf	Fesul mil o flynyddoedd	Ffurfiant arweddion o ganlyniad i newid yn lefel y môr Is-gyfnodau rhewlifol yn digwydd fel yr Oes Iâ Fach Addasiadau ôl-rewlifol i ardaloedd rhewlifedig gan effeithiau dŵr
	Fesul miliynau o flynyddoedd	Oes Iâ Pleistosen gyda chyfnodau rhewlifol a rhyngrewlifol, h.y. amodau tŷ iâ-tŷ gwydr

Newidiadau cyflym mewn prosesau a thirffurfiau rhewlifol

Mae ucheldiroedd rhewlifol y presennol a rhai creiriol (*relict*) yn gallu bod yn beryglus oherwydd eirlithradau, cwympiadau creigiau, llithriadau malurion a llifogydd. Gall y peryglon hyn arwain at drychineb a cholli bywyd. Mae cynnydd yn y boblogaeth yn ogystal â chynnydd ym mhoblogrwydd chwaraeon awyr agored a thwristiaeth antur yn ychwanegu at y broblem. Mae'r math hwn o ddigwyddiad yn digwydd yn aml heb unrhyw rybudd o flaen llaw.

Eirlithradau

Mae perygl o eirlithrad (*avalanche*) pan fydd grym y croeswasgiad ar y llethr yn fwy na grym croeswasgiad y màs eira. Mae grym croeswasgiad pac eira yn gysylltiedig â'i ddwysedd a'r tymheredd. Mae eirlithradau yn digwydd o ganlyniad i ddau fath gwahanol o fethiant mewn pac eira:

1 Mae **eira rhydd** yn ymddwyn fel tywod sych. Mae ychydig bach o eira yn dechrau llithro allan o'i le ac yn symud i lawr y llethr.
2 Mae **eirlithradau slab** yn digwydd pan fydd haen gydlynol gref o eira yn torri i ffwrdd oddi wrth haen waelodol wannach. Mae cyfnodau o dymheredd uwch yna cyfnod o ailrewi yn ffurfio cramen o iâ sy'n ffynhonnell o ansefydlogrwydd. Gall slabiau fod mor fawr â 100,000 m³ a gallan nhw fod yn gyfrifol am ryddhau mwy na chan gwaith yn fwy na chyfaint gwreiddiol yr eira. Maen nhw'n gallu bod yn beryglus iawn.

Mae'r rhan fwyaf o eirlithradau yn cychwyn llithro ac yna'n cyflymu'n sydyn, yn arbennig ar lethrau serth dros 30°. Yn gyffredinol, mae tri math o symudiad eirlithrad:

1 eirlithrad **powdr** – y rhai mwyaf peryglus
2 eirlithrad **llif sych**
3 eirlithrad **llif gwlyb**, sy'n digwydd yn bennaf yn y gwanwyn

Mae eirlithradau yn dueddol o ddilyn yr un llwybrau yn aml ac mae modd eu rhagweld. Er hyn maen nhw'n parhau i fod yn beryglus iawn ac maen nhw'n lladd tua 200 o bobl pob blwyddyn. Mae'r rhan fwyaf o'r marwolaethau hyn yn digwydd yn yr Alpau neu'r Rockies. Roedd y daeargryn yn Nepal yn 2015 yn gyfrifol am nifer o **gwympiadau iâ a chreigiau**, gan ladd nifer o ddringwyr a oedd ar fin dringo Everest.

Yn ogystal â bod yn beryglus, mae cwympiadau creigiau a malurion yn addasu ffurf dyffryn rhewlifedig. Yn achlysurol, mae mur o falurion neu dirlithriad yn gallu arwain at greu llynnoedd dros dro mewn dyffryn ffurf-U.

Profi gwybodaeth 21

Esboniwch pam bod eirlithradau yn gallu arwain at drychineb o dan rai amodau.

Laharau

Gall gweithgaredd folcanig achosi toddiant rhewlifol ar raddfa eang gan arwain at rai o'r peryglon folcanig mwyaf distrywiol, sef **laharau** (lleidlifoedd). Echdoriad Nevado del Ruiz yn Colombia yn 1985 oedd yr ail echdoriad mwyaf marwol a gofnodwyd erioed. Achosodd yr echdoriad hwn i'r rhewlif doddi ar raddfa eang, gan gynhyrchu lahar enfawr a ruthrodd i lawr Dyffryn Lagunillas gan ddinistrio tref Armero, 50 km i lawr y dyffryn. Roedd dyddodion y lleidlif hwn rhwng 3–8 metr o ddyfnder a lladdwyd 23,000 o bobl. Gweler Ffigur 38 ar dudalen 79.

Enghraifft arall o ddigwyddiad sydyn yw llifogydd echwythiad rhewlifol (*glacial outburst flooding*), gweler tud. 47.

Amrywiadau tymhorol mewn prosesau a thirffurfiau

Mae dylanwad y tymhorau yn effeithio ar faint o ddŵr tawdd sydd ar gael ac mae hynny yn ei dro yn effeithio ar ddyddodiad gan fod gallu afon i drawsgludo malurion yn gysylltiedig â'r arllwysiad.

Mae'r arllwysiad o ddŵr tawdd rhewlifol yn cynyddu o'r gwanwyn ymlaen wrth i gyfradd abladu y rhewlif gynyddu. Mae'r arllwysiad brig yn yr haf. Mae hyn yn arbennig o wir mewn rhewlifoedd gwaelod cynnes. Mae hyn yn arwain at y canlynol:

- Yn yr haf, mae nentydd uwchrewlifol, mewnrewlifol a thanrewlifol yn gallu trawsgludo mwy o lwyth (cynhwysedd uwch). Maen nhw hefyd yn gallu symud clogfeini a cherrig mwy o faint. Drwy wneud mwy o waith, mae yna fwy o gyrathiad ac athreuliad, a hynny'n llyfnhau'r clastau. Pan fydd y nentydd yn cyrraedd blaen yr iâ yn yr haf, maen nhw'n trawsgludo llwythi enfawr, gyda pheth o'r llwyth hwn yn ddeunydd marian wedi ei ailweithio. Yn gyfrewlifol, mae'r dŵr tawdd yn gyfrifol am raddio llorweddol a haenu fertigol (gweler t. 31).

- Yn y gaeaf, deunydd cymharol fân yn unig sy'n cael ei symud (os o gwbl) gan fod yna lai o arllwysiad yn y nentydd ffrwdrewlifol.

Gellir gweld haenu amlwg mewn ardaloedd o ddeunydd ffrwdrewlifol o ganlyniad i natur dymhorol y llif.

Mae enghraifft arall i'w gweld ar waelod llynnoedd cyfrewlifol, lle mae malurion yn cael eu trawsgludo i mewn i'r llyn. Yn yr haf, caiff malurion garw (tywod a graean) eu gollwng, ond yn y gaeaf dim ond y deunydd mân sy'n cael ei gario i lawr mewn crogiant sy'n cael ei ddyddodi. Mae'r deunydd hwn yn setlo gan ffurfio dyddodion **farf** (*varved*) sydd â gwaddodion mân a garw bob yn ail (gweler t. 33).

Prosesau milflynyddol neu hirdymor a newidiadau i dirffurfiau

Mewn ardaloedd rhewlifedig **creiriol** (*relict*), roedd y cyfnod rhewlifol diwethaf tua 11,500 mlynedd yn ôl (ailestyniad iâ Loch Lomond yn y DU). Ers hynny, mae nifer o brosesau ôl-rewlifol, gan gynnwys gwaith rhew, màs-symudiad a phrosesau afonol wedi bod yn gweithredu dros filoedd o flynyddoedd gan addasu'r dirwedd.

Mae Ffigur 18 yn dangos y prosesau ôl-rewlifol hyn ar gyfer ffurfiant peiran.

- Mae rhewfriwio ar wal y peiran wedi achosi cwympiadau creigiau – mae sgrïau mwy diweddar yn gorwedd ar ben y sgrïau creiriol o'r cyfnod rhewlifol sydd bellach â gorchudd o lystyfiant.

- Mae llyn wedi'i ffurfio yn y peiran ac wedi'i fewnlenwi'n raddol, gan rywfaint o falurion rhewlifol wedi eu hailweithio o'r marianau o gwmpas y llyn yn ogystal â silt llynnol (*lacustrine silt*).

- Mae'r gefnen farian, a ffurfiwyd mewn cyfnod rhewlifol, wedi cael ei fylchu gan afon Nant y Llyn sydd wedi dechrau ailweithio dyddodion y marian a'u trawsgludo i lawr y dyffryn.

- Mae mawn wedi sefydlu yn ardal y marian sydd â draeniad gwael.

Mae addasiadau ôl-rewlifol hefyd yn parhau yn y dyffryn ffurf-U.

- Gan ddibynnu ar uchder ac wynebwedd yr ardal, mae prosesau hindreuliad rhewi-dadmer yn digwydd ar gopaon ac ochrau'r dyffrynnoedd rhewlifedig. Bydd y prosesau hyn yn ffurfio dyddodion sgri amlwg ar ochrau'r dyffryn rhewlifol fel Bwlch Llanberis a Nant Ffrancon neu Wastwater ym Mro'r Llynnoedd.

- Mae llynnoedd hirgul yn cael eu llenwi'n raddol, yn aml gan fwau llifwaddod o grognentydd. Mae'r llynnoedd mwyaf bas neu'r rhai lleiaf yn fwy tebygol o gael eu mewnlenwi. Mae rhai wedi diflannu'n llwyr, gan adael gwastadeddau llifwaddod yn bennaf. Mae Interlaken yn y Swistir wedi'i adeiladu ar wastadedd llifwaddod lle

Cyngor i'r arholiad

Mae rhewlifiant Grand Teton a Yellowstone yn UDA yn astudiaeth achos ddefnyddiol. Mae Jackson Hole yn Wyoming yn enghraifft ardderchog o sut mae erydu rhewlifol, dyddodi rhewlifol a gweithgaredd dŵr tawdd yn cyfuno i addasu patrymau draeniad dros raddfa amser mileniwm a hyd yn oed yn fwy.

mae llyn mwy o faint wedi'i rannu'n ddau (gweler t. 24). Mae llawer o ddyffrynnoedd rhewlifedig yn cynnwys nentydd afrwydd (*misfit streams*) lle mae nant ôl-rewlifol gymharol fach yn dolennu ar draws llawr dyffryn rhewlifol llydan a dwfn.

Mae pyllau tegell (gweler t. 32), sy'n arweddion cyfrewlifol, yn aml yn cael eu mewnlenwi sy'n enghraifft dda o olyniaeth hydroser (*hydrosere succession*). Maen nhw'n cael eu llenwi gyda dŵr glaw yn unig ac felly maen nhw'n anweddu'n raddol.

Un o'r prif effeithiau ôl-rewlifol yw sut mae draeniad yn addasu i'r newidiadau a achoswyd gan yr iâ.

- Mae **llynnoedd cyfrewlifol** yn draenio i ffurfio sianelau gorlif (*overflow channels*).
- Mae **anghydlifiad iâ** (*diffluence channels*) o wahanfeydd dŵr oedd eisoes yn bodoli, neu ffurfiant sianelau gorlif rhewlifol neu orlifannau (*spillways*) i gyd yn dargyfeirio systemau draenio o gyfeiriad y llif oedd yn bodoli cyn y cyfnod rhewlifol.

Profi gwybodaeth 22

Beth yw'r gwahaniaethau rhwng sianelau anghydlifiad iâ (*diffluence channels*) a gorlifannau cyfrewlifol (*proglacial spillways*)?

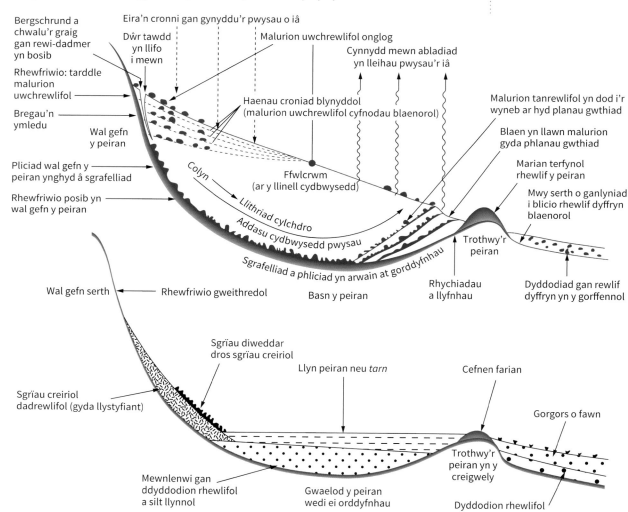

Ffigur 18 Peiran Llyn Lluncaws ym Mynyddoedd y Berwyn ger Llangynog, Y Bala fel y mae heddiw gydag addasiadau ôl-rewlifol

Crynodeb

- Mae prosesau, tirffurfiau a thirweddau rhewlifol yn newid dros raddfeydd amser gwahanol sy'n amrywio rhwng eiliadau a milenia.

- Mae màs-symudiadau cyflym, sydd weithiau yn cael eu hachosi gan losgfynyddoedd neu ddaeargrynfeydd, yn gallu arwain at newidiadau fel eirlithradau, laharau a llifogydd rhewlifol.

- Mae newidiadau tymhorol (blynyddol) yn digwydd, gyda dŵr sy'n rhewi a dadmer yn arwain at amrywiadau tymhorol o ran trawsgludiad a dyddodiad ffrwdrewlifol, gan gynnwys arweddion fel dyddodion farf.

- Dros gyfnod o filenia, mae tirweddau rhewlifol yn cael eu hailweithio gyda llynnoedd rhewlifol a phyllau tegell yn cael eu mewnlenwi yn ogystal â chreu newidiadau i batrymau draenio.

Prosesau rhewlifol a gweithgareddau dynol

Effaith prosesau a thirffurfiau rhewlifol ar weithgareddau dynol

Mae prosesau rhewlifol heddiw yn gallu effeithio'n ddramatig ar weithgareddau dynol. Er enghraifft gorlifoedd echwythiad rhewlyn (*glacial lake outburst floods*) a lleihad mewn dŵr tawdd o ganlyniad i gynhesu byd-eang.

Gorlifoedd echwythiad rhewlyn

Mae gorlif echwythiad rhewlyn (sef rhewlyn yn 'ffrwydro' o'i leoliad gwreiddiol gan achosi llifogydd) hefyd yn cael ei adnabod gan y term o Wlad yr Iâ, ***jökulhlaup***. Mae'r gorlif pwerus hwn yn cael ei achosi gan arllwysiad sydyn o lyn tanrewlifol neu o lyn sydd ag argae marian yn dal y dŵr yn ôl. Mae potensial ar gyfer gorlif o'r fath pryd bynnag y bydd dŵr tawdd yn casglu y tu ôl i rwystr iâ neu farian. Mae'r digwyddiad catastroffig hwn yn gallu digwydd mewn chwe ffordd wahanol:

1 cynnydd yn yr iâ sy'n arnofio fel y mae lefelau dŵr yn codi

2 argae o iâ yn toddi a'r dŵr yn gorlifo, mwy cyffredin o ganlyniad i gynhesu byd-eang

3 argae iâ yn chwalu o ganlyniad i weithgaredd tectonig

4 tonnau mawr fel *tsunami* yn cael eu creu o ganlyniad i gwymp eira neu iâ neu dirlithrad i mewn i'r llyn

5 argae marian yn methu o ganlyniad i iâ oddi mewn iddo yn toddi neu 'bibellau' tanddwr yn symud gwaddodion mân o'r marian

6 twneli o dan yr argae iâ yn ehangu o ran eu maint o ganlyniad i gynnydd yng ngwasgedd y dŵr

Mae gorlif o'r fath yn gallu bod yn broses gylchol gan y gall yr argae iâ a'r llyn ailffurfio yn dilyn y llifogydd.

Mae'r llifogydd mawr hyn yn fygythiad enfawr i bobl ac eiddo mewn dyffrynnoedd mynyddoedd ledled y byd. Gallan nhw ddinistrio eiddo degau neu hyd yn oed gannoedd o gilometrau o'u tarddiad. Mae'r dinistr yn fwy wrth gwrs mewn ardaloedd sydd wedi'u sefydlu gan bobl ers amser maith, fel yn yr Andes, yr Alpau a Mynyddoedd Himalaya.

Newidiadau i'r gylchred hydrolegol o ganlyniad i gynhesu byd-eang

Bydd effeithiau cynhesu byd-eang ar y gylchred hydrolegol yn achosi canlyniadau difrifol i filiynau o bobl. Mewn ardaloedd mynyddig fel yr Andes a Himalaya mae dŵr tawdd rhewlifol yn bwydo afonydd. Mae 95% o rewlifoedd Himalaya yn encilio'n gyflym, a bydd newidiadau mewn arllwysiad yn effeithio ar faint o waddodion sydd ar gael yn ogystal ag ansawdd y dŵr. Er enghraifft, mae rhewlif Khumbu, un o'r rhai uchaf yn y byd, wedi encilio fwy na 5 km ers 1953.

Yn Asia, mae afonydd fel y Mekong, Yangtze, Brahmaputra, Ganges a Hwang He, i gyd yn cael eu bwydo gan ddŵr tawdd rhewlifol Himalaya. Mae colli cyflenwad cyson o waddodion â goblygiadau enfawr i India a China (dwy wlad bwerus sydd gyda'i gilydd yn gartref i dros draean o boblogaeth y byd). Mae'r ddwy wlad yn datblygu'n wledydd pwerus, gyda galw cynyddol am ddŵr er mwyn datblygu'r economi a gwarchod ansawdd bywyd eu pobl.

Mae'r ardaloedd sych yng ngorllewin China yn gartref i 350 miliwn o ffermwyr sy'n ddibynnol ar ddŵr o rewlifoedd llwyfandir Tibet. Dyma ardal ble mae iâ yn teneuo'n gyflym. Gallai'r prinder dŵr hwn effeithio ar 538 miliwn o bobl sef 42% o boblogaeth China. O ganlyniad, mae cynlluniau peirianneg galed enfawr yn cael eu datblygu i geisio sicrhau cyflenwad digonol o ddŵr, fel cronfeydd dŵr a Chynllun Trosglwyddo Dŵr o'r De i'r Gogledd (*South-North Water Transfer Project*).

Yn India, mae'r gostyngiad yn y dŵr tawdd rhewlifol sy'n llifo i system afonydd Ganges-Brahmaputra yn debygol o olygu y bydd o leiaf 500 miliwn o bobl yn wynebu prinder dŵr. Bydd y prinder hwn yn effeithio tua 40% o diroedd India sydd wedi eu dyfrhau yn dilyn y Chwyldro Gwyrdd – 'basged fara' India.

Effeithiau gweithgareddau dynol ar brosesau a thirffurfiau rhewlifol

Mae gweithgareddau dynol yn effeithio ar brosesau a thirffurfiau rhewlifol mewn sawl ffordd. Gall hyn ddigwydd yn uniongyrchol, drwy ecsbloetio adnoddau rhewlifol, ac yn anuniongyrchol, drwy newid hinsawdd anthropogenig o ganlyniad i weithgareddau dynol) ar raddfa eang. Mae hynny wedi cael effaith drychinebus ar gydbwysedd màs hyd at 75% o rewlifoedd y byd.

Er enghraifft, mae amgylcheddau rhewlifol gweithredol yr Arctig wedi bod dan bwysau o allyriadau nwyon tŷ gwydr. Mae hyn wedi arwain at gynhesu byd-eang, llygredd byd-eang a gorddefnyddio adnoddau crai, fel tyllu am olew ar Lethr Gogleddol Alaska, mwyngloddio a thwristiaeth. Mae amgylcheddau rhewlifol creiriol, fel yr Alpau yn y Swistir, wedi cael eu hecsbloetio'n fwy yn economaidd ond yn llai tebygol o gael eu niweidio gan hyn.

Mwyngloddio a chwarela

Mae erydu rhewlifol yn chwarae rôl allweddol o ran symud y pridd rhydd uwchlaw'r graig (creicaen – *regolith*) gan ddinoethi creigiau sy'n werthfawr yn economaidd. Mae llawer o ardaloedd mynyddig gweithredol a chreiriol yn cynnwys creigiau igneaidd a metamorffig sy'n cynnwys dyddodion mwynol gwerthfawr sy'n cael eu mwyngloddio a chreigiau fel llechfaen sy'n cael eu chwarela. Mewn ardaloedd o dir isel, mae

Profi gwybodaeth 23

Esboniwch pam bod tirweddau creiriol yn llai bregus ac yn llai agored i ecsbloetiaeth.

dyddodion allolchi o'r llenni iâ Pleistosen yn ffynhonnell bwysig o ddeunyddiau ar gyfer y diwydiant adeiladu. Mae'r rhain eisoes wedi'u didoli gan ddŵr tawdd fel tywod a graean i'w gwerthu ar gyfer gwneud concrit ac ati. Mae'r chwareli tywod a graean hyn yn gyffredin yn Jutland yng ngorllewin Denmarc ac yn yr Iseldiroedd. Yn y DU, mae'r diwydiant adeiladu yn defnyddio tua 250 miliwn tunnell o dywod, graean a chynnyrch tebyg yn flynyddol. Mae'r lleoliadau yn adlewyrchu ardaloedd o ddyddodiad llenni iâ gyda thirffurfiau fel esgeiriau, cnyciau gro a bwau allolchi yn darparu tywod a graean.

Trydan dŵr

Mae'r broses o gynhyrchu pŵer trydan dŵr (PTD) yn defnyddio llawer iawn o ddŵr sy'n tarddu o rewlifoedd. Mae dros 90% o drydan Norwy a Seland Newydd yn cael ei gynhyrchu fel hyn. Weithiau, mae dŵr tawdd yn cael ei ddefnyddio'n uniongyrchol, ond gyda newidiadau diweddar i'r hinsawdd, ni ellir rhagweld beth fydd maint y llifoedd hyn. Mae dŵr weithiau yn cael ei ddargyfeirio drwy dwneli o nentydd tanrewlifol, fel ym Mauranger yn ne-orllewin Norwy lle mae dŵr yn llifo drwy dwnnel o rewlif Bondhusbreen. Yn fwy aml, llyn hirgul naturiol neu argae a chronfa ddŵr mewn dyffryn rhewlifol sy'n darparu'r PTD. Mae gan y Swistir fwy na 500 o orsafoedd PTD, sy'n cynhyrchu tua 70% o drydan y wlad. Ffynhonnell 'werdd' adnewyddadwy yw PTD, er bod yna broblemau gyda dibynadwyedd y cyflenwad dŵr a phryderon amgylcheddol ynghylch adeiladu argaeau ar draws afonydd. Mewn pentrefi mynyddig mewn gwledydd sy'n datblygu fel Nepal neu Bolivia, mae cynlluniau pŵer trydan dŵr ar raddfa fach yn gallu trawsnewid ansawdd bywyd y bobl leol.

Profi gwybodaeth 24

I ba raddau y mae pŵer trydan dŵr yn ffynhonnell 'werdd' o egni?

Twristiaeth

Mae'r diwydiant twristiaeth wedi profi twf anhygoel yn ystod y degawdau diwethaf. Mae hyn wedi dod â budd economaidd i ardaloedd mynyddig, gydag ymwelwyr yn cael eu denu gan olygfeydd ysblennydd tirweddau rhewlifedig presennol a chreiriol. Mewn tirweddau Alpaidd, mae amrywiaeth eang o gampau awyr agored yn bosibl – mae cerdded, dringo, mynydda a sgïo yn galluogi ardaloedd cyfan i fanteisio ar eu potensial i ddatblygu twristiaeth drwy gydol y flwyddyn. Yn y Rockies, er enghraifft, mae yna sawl cyrchfan amlbwrpas fel Banff yn Alberta, Aspen yn Colorado a Whistler yn British Columbia sy'n ffurfio lleoliadau 'pot mêl' o fewn amgylcheddau rhewlifedig.

Yn gynyddol, mae pobl yn ymweld â rhanbarthau rhewlifedig er mwyn y rhewlifoedd eu hunain, sy'n rhoi mwy o bwysau ar y tirweddau bregus hyn.

Yn ystod y blynyddoedd diwethaf mae cynnydd wedi bod yn y nifer sy'n ymweld, nid yn unig â'r ardaloedd rhewlifol traddodiadol fel yr Alpau neu'r Rockies, ond hefyd ag ardaloedd pegynol anghysbell yr Arctig (Alaska, Grønland, Gwlad yr Iâ a Svalbard) ac Antarctica (De Georgia a Gorynys Antarctica). Mae'r ardaloedd hyn yn fwyfwy deniadol, yn enwedig i longau pleser. Gall fod goblygiadau niferus i'r amgylchedd.

Mae'n bwysig iawn pwyso manteision economaidd twristiaeth mewn ardaloedd mynyddig yn erbyn y costau i'r amgylchedd a diwylliannau lleol. Mae llawer yn dibynnu ar ba mor fregus ydy'r amgylchedd a natur a dwysedd y gweithgareddau economaidd (gweler yr astudiaeth achos ar t. 51–52).

Rheoli tirweddau rhewlifedig

Mae yna sawl dull posibl o reoli amgylcheddau oer (gweler Ffigur 19).

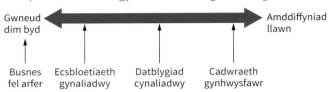

Ffigur 19 Sbectrwm rheoli ar gyfer amgylcheddau oer

- Mae **gwneud dim** ar un ochr y sbectrwm. Mae hyn yn galluogi i sawl gweithgaredd economaidd i ffynnu. Byddai'n golygu gadael i amgylcheddau oer gael eu hecsbloetio ar gyfer pa bynnag adnoddau y mae galw amdanyn nhw, ac sy'n broffidiol. Gallai llywodraethau ar lefel leol neu genedlaethol fod yn cefnogi'r dull hwn oherwydd yr incwm fydd yn dod. Gallai rhai pobl leol fod yn gefnogol, e.e. Siambrau Masnach neu undebau llafur oherwydd swyddi posibl, neu ddatblygwyr fel diwydianwyr a chorfforaethau trawswladol byd-eang, fel cwmnïau egni neu gwmnïau mwyngloddio.

- Mae **busnes fel arfer** yn ddull tebyg i wneud dim byd, gan adael yr ardal fel y mae ond o bosibl yn cynnwys agweddau ar gynaliadwyedd sy'n bodoli eisoes fel hunanreolaeth dros faterion amgylcheddol. Mae gan bob corfforaeth trawswladol fyd-eang bolisïau amgylcheddol fel rhan o'u Datganiad o Fwriad (*Mission Statement*). Mae'r rhan fwyaf, heblaw am y cadwraethwyr, yn fodlon gyda chynnal pethau fel y maen nhw.

- Gellir ystyried **ecsbloetiaeth gynaliadwy** fel y ffordd ganol, am ei fod yn targedu datblygiad ar gyfer elw tra'n mynnu bod rheoleiddio amgylcheddol gorfodol, er enghraifft, gyda rheoli a gwaredu gwastraff. Gellir ei sianelu i ddarparu manteision penodol i'r gymuned, fel datblygu pysgota neu hela cynaliadwy ar gyfer cymunedau lleol. Ar bapur, mae'n ystyried diddordebau personol sawl un, ond mae'n dibynnu ar gyfaddawdu i fod yn llwyddiannus.

- Mae rheolaeth **datblygiad cynaliadwy** yn ceisio datblygu ardal mewn ffordd sy'n defnyddio adnoddau er budd y gymuned bresennol heb ddinistrio'r amgylchedd, ond ar yr un pryd yn cadw adnoddau ar gyfer cenedlaethau'r dyfodol. Mae'n anodd cyflawni pedwar gofyniad neu ran o'r cwadrant cynaliadwyedd neu dri gofyniad sydd wedi eu cynnwys ar y stôl gynaliadwyedd (gweler Ffigur 20), yn enwedig mewn amgylcheddau oer. Mae grymoedd tensiynol oherwydd yr angen i gadw a chynnal amgylcheddau bregus tra ar yr un pryd yn manteisio ar adnoddau naturiol er lles economaidd cenedlaethau'r dyfodol. Mae'r tensiwn yma i'w weld yn glir yn yr anghydfod ynghylch tyllu am olew yn Alaska. Yma, mae anghytuno brwd rhwng amgylcheddwyr, y boblogaeth frodorol, y llywodraethau taleithiol a chenedlaethol a'r cwmnïau olew. Mae sawl sefydliad anllywodraethol, fel y *World Wide Fund for Nature* (WWF) yn ffafrio datblygiad cynaliadwy gan y gallai hynny warchod yr amgylchedd a chynnal cymunedau brodorol.

Y Dyfodol	'Bod yn wyrdd'
Gweithio dros y tlawd	Cynnws y gymuned leol

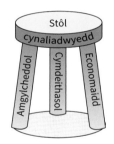

Ffigur 20 Asesu cynaliadwyedd

Cyngor i'r arholiad

Mae'r cwadrant cynaliadwyedd a'r stôl gynaliadwyedd yn fframweithiau defnyddiol i gefnogi eich gwaith ar reoli ardaloedd rhewlifedig.

Profi gwybodaeth 25

Esboniwch dair ffordd y gellir rheoli tirweddau rhewlifedig yn gynaliadwy.

- Mae **cadwraeth gynhwysfawr** yn anelu i amddiffyn a chadw amgylcheddau rhewlifol a ffinrewlifol fel ardaloedd gwyllt, yn enwedig lle mae'r rhain yn parhau i fod yn amgylcheddau gwyllt naturiol. Yr unig ecsbloetio sy'n cael ei ganiatáu yw gweithgareddau sy'n cael eu rheoli'n ofalus, fel ecodwristiaeth neu eco-amaethu organig. Mae gweithgareddau o'r fath yn debygol o gael eu ffafrio gan amgylcheddwyr a'r rhai hynny sy'n eu gweithredu a'u defnyddio fel twristiaid a busnesau lleol. Ni fyddai gweithgareddau sy'n ecsbloetio, fel mwyngloddio, yn cael eu caniatáu. Mae llywodraethau yn gallu bod yn llugoer at weithredu o'r fath, oherwydd yn y byr dymor, mae'n bosibl y byddan nhw'n ennill llai o incwm.

- Mae **amddiffyniad llawn** yn ddull sy'n cael ei ffafrio gan gadwraethwyr a rhai pobl leol traddodiadol yn unig. Nid yw'r dull hwn yn caniatáu unrhyw fynediad i'r amgylchedd naturiol o gwbl, heblaw am weithgareddau fel ymchwil neu fonitro gwyddonol, felly ni fydd yn caniatáu i bobl leol ennill unrhyw incwm ohono nac yn caniatáu i dwristiaid ei fwynhau.

Cyngor i'r arholiad

Mae'r fanyleb yn gofyn i chi astudio astudiaethau achos sy'n berthnasol i'ch astudiaeth. Mae'n debygol y bydd angen i chi ateb cwestiynau ysgrifenedig estynedig yn yr arholiad fydd yn eich gwahodd i ddefnyddio eich astudiaeth achos.

Astudiaeth achos

Effaith gweithgaredd dynol ar dirffurfiau rhewlifol yr Alpau

Parc Cenedlaethol Hohe Tauern, Awstria

Arwyddwyd y **Confensiwn Alpaidd** (*Alpine Convention*) gan wyth gwlad yn Ewrop yn 1995 gyda'r bwriad o hyrwyddo datblygiad cynaliadwy mewn ardaloedd dynodedig yn yr Alpau. Bwriad hyn oedd amddiffyn yr amgylchedd naturiol (tirwedd rhewlifol greiriol yn bennaf) ar gyfer cenedlaethau'r dyfodol, ond hefyd er mwyn hyrwyddo datblygiad economaidd-gymdeithasol a fyddai'n cefnogi cymunedau Alpaidd o fewn y parciau cenedlaethol. Mae wyth protocol y confensiwn wedi'u cynllunio i ddarparu fframweithiau a chanllawiau ar gyfer datblygiad cynaliadwy, ffermio mynydd, cadwraeth natur a thirwedd, amddiffyn coedwigoedd mynyddig, twristiaeth, cynhyrchu pŵer trydan dŵr (PTD), cadwraeth pridd a rheoli trafnidiaeth.

Mae Parc Cenedlaethol Hohe Tauern yn un o saith parc cenedlaethol yn Awstria (gweler Ffigur 21). Hon ydy'r ardal fwyaf o ran maint sy'n cael ei gwarchod yn yr Alpau. Yr arwedd amlycaf o fewn y parc yw Grossglockner. Mae'r mynydd hwn yn 3798 metr o uchder ac mae'n darddle ar gyfer sawl rhewlif, gan gynnwys rhewlif Pasterze. Mae'n cynnwys sawl dyffryn rhewlifedig ardaloedd twndra Alpaidd helaeth a sawl llyn artiffisial sydd wedi'u creu i gynhyrchu pŵer trydan dŵr.

Mae'r Parc Cenedlaethol yn bwysig i dwristiaeth, gyda phob math o weithgareddau gan gynnwys chwaraeon eithafol i dwristiaeth rhewlif, sgïo, dringo, cerdded a beicio mynydd. Yn fyd-eang, mae **twristiaeth mynyddoedd** yn cyfrif am 10% o'r incwm o dwristiaeth bob blwyddyn. Mae'r diwydiant sgïo yn cyfrif am 5% o Gynnyrch Mewnwladol Crynswth Awstria ac mae dros 1 filiwn o ymwelwyr yn ymweld â'r Parc Cenedlaethol yn flynyddol.

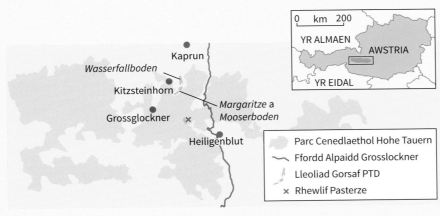

Ffigur 21 Map o Hohe Tauern

Mae'r pryderon amgylcheddol ynghylch twristiaeth Alpaidd yn cynnwys:

- paratoi llethrau sgïo, sy'n niweidio'r ecosystemau mynyddig bregus ac sy'n arwain at dorri llawer iawn o goedwigoedd
- llygredd o'r rhai sy'n defnyddio'r ffyrdd (llygredd aer yn bennaf). Mae hyn yn cael effaith andwyol ar lystyfiant ac ansawdd yr aer

Mae'r nifer uchel o ymwelwyr, ynghyd â'r ffaith fod twristiaeth yn bwysig drwy gydol y flwyddyn erbyn hyn, ac effeithiau cynhesu byd-eang yn golygu bod problemau yn lledaenu i ardaloedd mynyddig uwch ac anghysbell. Mae rhai canolfannau 'pot mêl' yn denu nifer mawr iawn o dwristiaid fel Zell am See yn Awstria. Mae angen rheoli twristiaeth yn ofalus i'w rhwystro rhag mynd yn anghynaliadwy.

Mae amcanion y Parc Cenedlaethol yn gwrthdaro â'i gilydd:

- annog gwarchod yr amgylchedd
- hwyluso ymchwil gwyddonol
- annog twristiaeth
- addysgu pobl am eu hamgylchedd

Mae bron yn amhosibl sicrhau cydbwysedd rhwng hyrwyddo defnydd o'r Parc Cenedlaethol a gwarchod yr amgylchedd bregus. Cyfeirir at dwristiaeth fel y brif broblem, am fod ei heffeithiau niweidiol yn rhai gweladwy:

- erydiad y llethrau yn ystod y tymor sgïo – gellir gweld y niwed i'r llethrau ar ôl i'r eira doddi
- gorddefnydd o'r llwybrau cerdded poblogaidd – yn arbennig yn ymyl aneddiadau
- defnyddio offer i greu eira artiffisial er mwyn ymestyn y tymor sgïo. Mae hyn yn gallu gohirio toddiant eira yn y gwanwyn sy'n effeithio ar flodau'r gwanwyn
- torri coed er mwyn creu llethrau sgïo
- nifer cynyddol o adeiladau wrth i bentrefi ehangu i dir ffermio
- llygredd aer, dŵr a sŵn.

Mae Ffigur 19 (t. 50) yn dangos yr amrywiaeth o strategaethau rheoli sydd ar gael. Gellir disgrifio dulliau rheoli Hohe Tauern fel **ecsbloetiaeth gynaliadwy**,

gan eu bod yn ceisio sicrhau dyfodol hirdymor y Parc Cenedlaethol a sicrhau nad yw'r amgylchedd yn cael ei niweidio cymaint fel nad oes modd ei adfer.

- Mae llwybrau cerdded yn cael eu cynnal yn dda (er mwyn arbed cerddwyr rhag crwydro i'r ardaloedd twndra mwyaf bregus). Mae mapiau heicio rhad ac am ddim ac arwyddion clir. Datblygwyd rhai llwybrau newydd mewn ardaloedd llai poblogaidd.
- Mae'r parc yn cael ei weinyddu mewn cylchfeydd eang, gyda mynediad cyfyngedig (trwydded yn unig) yn aml i'r ardaloedd creiddiol (cymharol naturiol, o ansawdd uchel) a thwristiaeth yn cael ei hannog mewn ardaloedd ymylol lle mae'r boblogaeth leol yn byw'n barhaol.
- Mae sawl cynllun ar waith i gefnogi twristiaeth gynaliadwy a chynnal ffermio, fel grantiau i gefnogi gwestai bach teuluol, gwestai ecogyfeillgar ac amaeth-dwristiaeth, gyda bwytai yn defnyddio cynnyrch lleol.
- Fel rhan o'r Confensiwn Alpaidd a'r rhwydwaith o ardaloedd gaiff eu gwarchod yn yr Alpau, mae ymchwil gwyddonol yn digwydd er mwyn darganfod ffyrdd o amddiffyn yr amgylchedd naturiol.
- Mae pentrefi penodol wedi cael eu dynodi fel cyrchfannau twristiaeth cynaliadwy, e.e. Heilingenblut a Neukirchen, gyda'r boblogaeth yn y ddau yn treblu bron yn ystod y tymor ymwelwyr.
- Mae rhannau bregus o'r llethrau sgïo yn Neukirchen wedi cael eu gorchuddio ag eira er mwyn cywasgu'r llwybrau sgïo. Yn yr haf, mae gwartheg yn pori'r llethrau Alpaidd sy'n cynnal bioamrywiaeth a thrwy hynny'n ailgyflenwi maetholion i'r pridd.
- Mae rhai lifftiau sgïo a llawer o'r gwestai bach bellach yn defnyddio egni solar ac mae'r pentref yn defnyddio ei bŵer trydan dŵr lleol.
- Datblygwyd cludiant cyhoeddus er mwyn lleihau'r nifer o gerbydau sy'n gyrru drwy'r parc.

Fodd bynnag, ai mater o rhy ychydig yn rhy hwyr ydy'r mesuriadau graddfa fach hyn yn enwedig mewn ardaloedd rhewlifol lle mae pobl yn aros oriau i gael eu tywys i lawr grisiau serth i weld y rhewlif, neu gerdded o gwmpas y blaen er mwyn gweld y nodweddion cyfrewlifol?

Cyngor i'r arholiad

Mae gennych ddewis o astudiaeth achos – naill ai effaith pobl ar ardaloedd rhewlifol (e.e. twristiaeth yn Svalbard, Norwy Arctig neu Antarctica) neu effeithiau tirffurfiau rhewlifol ar weithgareddau dynol (e.e. effaith eirlithradau a sut maen nhw'n cael eu rheoli). Mae *Geofact* (*Curriculum Press*) a *Geofile* (*Gwasg Prifysgol Rhydychen*) yn darparu enghreifftiau o astudiaethau achos.

Diraddiad rhew parhaol o ganlyniad i weithgareddau dynol

Yn draddodiadol, mae amgylcheddau ffinrewlifol wedi cael eu defnyddio gan bobl frodorol, fel yr *Inuit* yng ngogledd Canada, Grønland ac Alaska, neu'r *Sami* yn Lapland. Mae'r bobl hyn yn addasu eu ffordd o fyw er mwyn delio ag amgylchedd caled a byw mewn cytgord gyda'r amgylchedd sy'n fregus a heriol.

Fodd bynnag, mae sefydlu aneddiadau parhaol a datblygu gweithgareddau fel mwyngloddio haearn, tyllu am olew neu ddefnyddio'r tir at bwrpas milwrol yn gofyn am ddatblygiadau technolegol mawr, gan fod rhew parhaol yn creu problemau unigryw i waith adeiladu. Nid yw technegau adeiladu arferol yn addas gan eu bod yn newid cydbwysedd thermol y ddaear, gan achosi i'r rhew parhaol i ddadmer a'r **ddaear ymsuddo**.

Mae tirffurfiau sy'n cael eu ffurfio ar rew parhaol yn ddibynnol ar y **cydbwysedd cyfnewid egni gwres** rhwng yr atmosffer a'r ddaear (Ffigur 22). Mae'r haen o rew parhaol yn sensitif i unrhyw newid i'r cydbwysedd hwn. Mae'r haen weithredol dymhorol lle mae nifer o'r prosesau ffinrewlifol yn gweithio (gwthiad rhew, datblygiad lensys iâ, ac ati) yn dyfnhau'n gyflym gyda mewnbwn gwres ychwanegol a ddaw yn sgil gweithgareddau pobl (gweithgaredd anthropogenig).

Mae'r cyfnewid gwres rhwng yr aer a'r ddaear yn ddibynnol ar natur y storfa arwynebol. Mae hyn yn cynnwys gorchudd o lystyfiant twndra, haen arwynebol organig o weddillion llystyfiant a mawn a'r gorchudd eira. Mae gallu'r **gylchfa gyfnewid egni** (*energy exchange buffer zone*) i storio a throsglwyddo'r gwres yn rheoli ymddygiad yr haenau actif a'r haenau o rew parhaol.

Ffigur 22 Trosglwyddiadau egni gwres a rhew parhaol

Mae problemau yn digwydd pan fydd y llystyfiant twndra neu hyd yn oed y gorchudd eira, yn cael ei glirio o'r wyneb, er enghraifft, i adeiladu maes awyr. Mae hyn yn lleihau'r ynysiad o'r rhew parhaol sy'n arwain at ddyfnhau'r haen weithredol yn ystod yr haf wrth i'r gwres gael ei drosglwyddo lawr i'r ardal o rew parhaol yn haws. Yn Inuvik yng ngogledd Canada, mae datblygiad wedi arwain at gynyddu dyfnder yr haen weithredol o 30 cm i 183 cm mewn wyth mlynedd, a hynny o ganlyniad i ddatgoedwigo. Yng Nghanolbarth Alaska, toddodd yr haen o rew parhaol yn gyflym yn dilyn clirio llystyfiant, gan aflonyddu'r ddaear a rhyddhau carbon o'r storfeydd mawr. Mae gweithred fechan sy'n amharu ar y gorchudd llystyfiant, fel cerbydau 4 x 4 sy'n cael eu defnyddio gan gwmnïau mwyngloddio, yn cyflymu toddiant yr iâ daear yn y tymor hir.

Mae ymsuddiant tir yn digwydd gan amlaf pan fydd haen uwch y rhew parhaol yn llawn iâ. Mae hefyd yn digwydd yn agos at afonydd neu mewn gwaddodion mân sydd â mandylledd uchel a lefel uwch o iâ interstitaidd (rhew sy'n casglu mewn llefydd gwag rhwng cerrig neu waddodion mewn tir sydd wedi'i rewi'n barhaol). Mae dyfnhau'r haen weithredol yn achosi i lawer mwy o iâ daear i doddi mewn perthynas â'r cyfaint gwreiddiol.

Mae adeiladau neu adeileddau mawr fel pibell Traws Alaska yn trosglwyddo gwres ychwanegol i'r ddaear. Bydd hyn yn lleihau'r ynysiad o'r haen o rew parhaol.

Mae'r niwed gaiff ei achosi gan y math hwn o ymsuddiant i'w weld ar draws Siberia, gogledd Canada ac Alaska, gydag isadeiledd fel ffyrdd, rheilffyrdd, pontydd a meysydd glanio yn cael eu difrodi'n ddifrifol ac angen gwaith cynnal a chadw cyson.

Datblygwyd dulliau newydd o adeiladu er mwyn gwrthbwyso'r problemau hyn yn llwyddiannus. Mae'r technegau hyn yn ddrud iawn, ac yn ychwanegu at y gost o ecsbloetio adnoddau crai neu adeiladu anheddiadau.

- Mae tai ac adeiladau bach eraill yn aml yn cael eu codi tua 1 metr uwchben y ddaear. Defnyddir pibellau sy'n cael eu gosod i mewn i'r rhew parhaol er mwyn galluogi aer i gylchredeg a chael gwared â'r gwres a fyddai fel arall yn mynd i'r ddaear.

- Mae ffyrdd, pontydd a meysydd glanio yn cael eu hadeiladu ar **badiau agregu** (haenau o raean a thywod garw, gyda thrwch o 1.5 metr fel arfer). Maen nhw'n gwneud iawn am golli effaith ynysu llystyfiant ac yn lleihau'r gwres sy'n cael ei drosglwyddo o'r strwythurau hyn i'r ddaear.

- Mae gwasanaethau eraill fel dŵr, egni a gwaredu gwastraff yn creu her bellach. Defnyddir twneli arbennig ar gyfer y gwasanaethau hanfodol hyn (gelwir y rhain yn **utilidors** – gweler Ffigur 23). Mae'r rhain ond yn ymarferol yn economaidd ar gyfer yr anheddiadau mwyaf fel Inuvit neu Longyearbyen yn Svalbard.

Cafodd pibell Traws Alaska ei chwblhau yn 1977, wedi ei chodi i drawsgludo olew ar draws Alaska. Mae'n ymestyn o Lethr y Gogledd hyd at Valdez yn ne Alaska ac oddi yno i dir mawr UDA. Mae'n enghraifft dda o sut y defnyddiwyd technoleg i fynd i'r afael ag effeithiau ymsuddiant mewn ardaloedd o rew parhaol, ac i leihau'r difrod amgylcheddol i amgylchedd gwyllt naturiol.

Cyngor i'r arholiad

Darllenwch yr adran ar brosesau a thirffurfiau ffinrewlifol. Bydd cyfarwyddo â'r termau allweddol yn eich helpu i ddeall y diraddio gaiff ei achosi gan weithgareddau dynol.

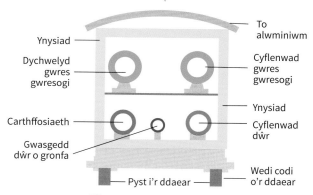

Ynysiad · To alwminiwm · Dychwelyd gwres gwresogi · Cyflenwad gwres gwresogi · Ynysiad · Carthffosiaeth · Cyflenwad dŵr · Gwasgedd dŵr o gronfa · Pyst i'r ddaear · Wedi codi o'r ddaear

Ffigur 23 Twneli ar gyfer y gwasanaethau hanfodol (*Utilidors*)

Crynodeb

- Mae prosesau a thirffurfiau rhewlifol yn effeithio ar weithgareddau dynol, er enghraifft, gorlifiad enchwythiad rhewlyn.

- Mae gweithgareddau dynol yn effeithio ar brosesau a thirffurfiau rhewlifol, fel diraddio tirwedd ucheldir rhewlifedig gan dwristiaeth, cloddio am dywod a graean rhewlifol a chodi cronfeydd dŵr ar gyfer pŵer trydan dŵr.

- Bydd angen i chi fod yn gyfarwydd ag un astudiaeth achos o strategaeth reoli i reoli naill ai effeithiau prosesau rhewlifol/tirffurfiau ar weithgareddau dynol, neu effeithiau gweithgareddau dynol ar brosesau/tirffurfiau rhewlifol.

- Mae gweithgareddau dynol sy'n digwydd heddiw, sy'n cynnwys codi anheddiadau parhaol, mwyngloddio a thyllu am olew, yn gyfrifol am ddiraddio rhew parhaol. Mae hyn yn gofyn am atebion technegol i broblemau toddi, ymsuddiant y ddaear a rhyddhau carbon.

Peryglon tectonig

▮ Prosesau a pheryglon tectonig

Adeiledd y Ddaear

Mae adeiledd (strwythur) y Ddaear wedi cael ei ddadansoddi gan wyddonwyr
sy'n astudio patrymau siocdonnau (sy'n cael eu creu gan ddaeargrynfeydd).
Mae'r gwyddonwyr hyn wedi adnabod nifer o haenau, gyda gwahanol ddwysedd,
cyfansoddiad cemegol a phriodweddau ffisegol (gweler Ffigur 24).

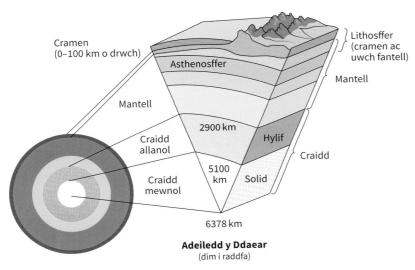

Adeiledd y Ddaear
(dim i raddfa)

Ffigur 24 Adeiledd y Ddaear

Ar sail dwysedd a chyfansoddiad cemegol, gellir rhannu'r Ddaear yn dair haen sef y
craidd, y fantell a'r gramen.

- Mae **craidd** y Ddaear yn cynnwys haearn a nicel. Mae'n debyg i blaned Mawrth o ran
  maint. Mae'r craidd allanol yn rhannol-doddedig ond mae'r craidd mewnol yn solet.
  Yng nghanol y Ddaear (6378 km o dan yr wyneb) mae'r tymheredd tua 6200°C (yn
  boethach hyd yn oed nag wyneb yr haul).

- Mae'r **fantell** yn cynnwys creigiau silica yn bennaf, sy'n gyfoethog mewn haearn
  a magnesiwm. Heblaw am yr haen uchaf solet (yr **asthenosffer**) mae'r creigiau yn
  y fantell mewn cyflwr rhannol-doddedig. Mae'r fantell yn ymestyn hyd at ddyfnder
  o 2900 km lle gall tymereddau fod yn fwy na 5000°C. Y tymheredd uchel hwn sy'n
  achosi **ceryntau darfudol**. Dyma'r mecanwaith sy'n gyfrifol am blatiau'r Ddaear yn
  symud.

- Mae'r **gramen** yn gymharol denau, fel croen afal. Mae wedi'i rhannu'n ddwy ran sef:
  a **cramen gefnforol** sy'n cynnwys basalt yn bennaf (**sima** sy'n cynnwys **si**lica
  a **ma**gnesiwm). Ar gyfartaledd mae'n 6–10 km o drwch; ar ei ddyfnaf mae'r
  tymheredd tua 120°C.
  b **cramen gyfandirol** sy'n cynnwys gwenithfaen yn bennaf (**sial** sy'n cynnwys
  silica ac **al**wminiwm). Gall fod hyd at 70 km o drwch.

Mae Tabl 7 yn crynhoi'r gwahaniaeth rhwng y ddau fath o gramen.

Tabl 7 Gwahaniaethau rhwng y ddau fath o gramen.

	Cramen gefnforol	Cramen gyfandirol
Oed (cyfnod hiraf mewn blynyddoedd)	180 miliwn	3.5 biliwn
Trwch (km)	6–10	25–75
Arwynebedd wyneb y Ddaear	60%	40%
Dwysedd (g cm^{-3})	3.3	2.7
Math o graig	Basalt	Gwenithfaen

Toriant Moho (*Moho discontinuity*) sy'n gwahanu'r gramen oddi wrth y fantell. Mae wedi'i enwi ar ôl Mohorovičić, gwyddonydd o Croatia wnaeth ei ddarganfod.

Y **lithosffer** yw'r gramen a haenau caled uchaf y fantell gyda'i gilydd.

Mecanweithiau symudiad platiau tectonig

Yn ôl theori tectoneg platiau mae wyneb y Ddaear wedi'i gwneud o blatiau lithoffferig caled (saith prif blât, saith plât llai a nifer o blatiau bychan). Mae ambell ardal, fel Iran ac Indonesia, lle mae patrwm ymylon y platiau mor gymhleth fel eu bod yn edrych fel plisgyn wy wedi torri'n ddarnau. Fel y mae Ffigur 25 yn dangos, mae rhai platiau'n cynnwys cramen gyfandirol yn bennaf (plât Ewrasia). Mae platiau eraill yn cynnwys cramen gyfandirol a chefnforol, ac eraill eto'n cynnwys cramen gefnforol yn unig (plât Nazca).

Profi gwybodaeth 26

Ym mha haen o'r Ddaear mae'r asthenosffer?

Profi gwybodaeth 27

Enwch y saith prif blât.

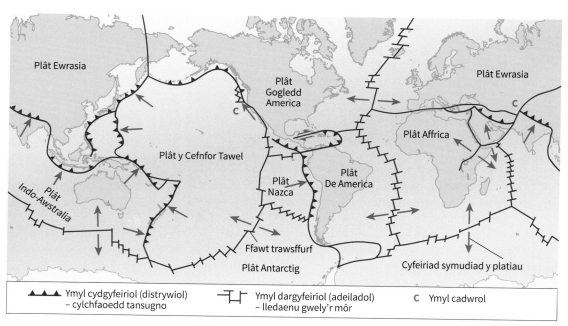

Ffigur 25 Y prif blatiau tectonig

Y syniad gwreiddiol oedd bod celloedd darfudol yn codi (wrth gefnen gefnforol ar ymyl adeiladol) gan symud gwres o graidd y Ddaear tuag at yr wyneb, ac yn ymledu ar y naill ochr a'r llall i'r gefnen, gan gludo'r platiau gyda nhw. Mae'r platiau'n 'arnofio' ar haen sydd wedi'i hiro rhwng yr uwch fantell a'r lithosffer – yr asthenosffer. Mae'r haen hon yn gadael i'r lithosffer solet symud dros yr uwch fantell (Ffigur 26).

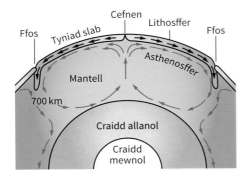

Ffigur 26 Rôl ceryntau darfudol a symudiad platiau

Y farn gyfredol ar symudiad platiau

Mae technegau delweddu sydd ar gael heddiw (tomograffeg) wedi methu adnabod celloedd darfudol yn y fantell sy'n ddigon nerthol i symud platiau, felly mae'r syniad o'r asthenosffer fel 'symudwr' platiau wedi'i addasu. Hefyd, darganfuwyd nad yw'r ymwthiad o fagma ffres i'r lithosffer wrth y cefnennau cefnforol yn ddigonol i **wthio'r** platiau oddi wrth ei gilydd, yn hytrach mae'n llenwi bwlch rhyngddyn nhw.

Mae deunydd tawdd yn codi i'r wyneb wrth ymylon platiau dargyfeiriol gan fod y lithosffer yn teneuo. Mae'r lleihad o ganlyniad yn y gwasgedd yn achosi i'r uwch fantell doddi'n rhannol. Wrth i'r lithosffer gael ei gynhesu, mae'n codi uwchlaw gwely'r môr o amgylch i ffurfio cefnen gefnforol. Mae hyn yn creu tir newydd tu hwnt i'r gefnen wreiddiol. Mae'r graig newydd hon yn gymharol boeth, yn llai dwys ac yn fwy symudol na chraig sy'n bellach o'r ymyl, sy'n heneiddio, yn oeri ac yn troi'n fwy dwys.

Mae **disgyrchiant** yn effeithio ar y lithosffer hŷn sy'n fwy dwys ac yn achosi iddo lithro ymhellach i ffwrdd o'r gefnen. O ganlyniad, mae'r lithosffer yn teneuo wrth y gefnen, gan achosi mwy eto o doddi rhannol a mwy o fagma'n codi tua'r wyneb. Yn wreiddiol, cafodd y broses hon o **wthiad** i greu **cefnen** ei hystyried fel y brif ddyfais dros achosi i blatiau symud. Bellach, **llithro disgyrchol** sy'n cael ei ystyried fel y grym gweithredol sy'n gyrru'r symudiad. Y gwahaniaethau mewn dwysedd ar draws y platiau sy'n allweddol bwysig yn y broses hon o greu symudiad. Mae **tyniad slab** (*slab pull*) yn digwydd mewn cylchfaoedd tansugno lle mae rhannau oerach, mwy dwys o'r platiau'n suddo i'r fantell gan **dynnu** gweddill y platiau gyda nhw. **Tyniad slab**, felly, yw'r broses allweddol ar gyfer symud platiau.

Mae tystiolaeth gan offer tomograffeg (sganiau seismig) yn cefnogi'r ddamcaniaeth hon gan fod slabiau o blatiau oer a dwys wedi'u canfod yn ddwfn ym mantell y Ddaear.

Mae damcaniaeth wreiddiol tectoneg platiau wedi'i newid a'i haddasu dros nifer o flynyddoedd o gysyniad i fecanwaith credadwy erbyn hyn. Does dim modd profi'r ddamcaniaeth yn llwyr gan y byddai drilio i mewn yn ddwfn i'r Ddaear yn gostus ac yn anymarferol. Mae mecanwaith symudiad platiau'n gymhleth iawn ac yn parhau'n bwnc trafod hyd heddiw.

Symudiad platiau

Mae platiau'n symud yn araf ac yn anghyson mewn perthynas â'i gilydd. Fel arfer fe fyddan nhw'n symud tua 4 cm y flwyddyn. Mae tri math o symudiad.

1 Mewn rhai lleoliadau mae platiau'n symud oddi wrth ei gilydd, h.y. maen nhw'n blatiau **dargyfeiriol** ar **ymyl adeiladol**, e.e. Dyffryn Hollt Dwyrain Affrica.

2 Mewn lleoliadau eraill mae platiau'n symud tuag at ei gilydd, h.y. maen nhw'n blatiau **cydgyfeiriol** ar **ymyl distrywiol**, er enghraifft oddi ar arfordir De America.

3 Mewn ambell leoliad mae platiau'n symud heibio'i gilydd, naill ai mewn cyfeiriadau gwahanol, neu i'r un cyfeiriad ar gyflymder gwahanol, h.y. symudiad **trawsffurfiol** ar ymyl cadwrol.

Lleoliadau tectonig

Mae Tabl 8 yn crynhoi'r prif leoliadau, y prosesau, y peryglon a'r tirffurfiau. Mae'r lleoliadau hyn yn hanfodol ar gyfer egluro dosbarthiad gofodol bron pob un o'r peryglon a'r tirffurfiau tectonig (gweler tud. 65 am eithriadau).

Tabl 8 Lleoliadau tectonig

Lleoliad tectonig	Symudiad (prosesau)	Peryglon	Enghreifftiau	Tirffurfiau
Ymylon adeiladol (dargyfeiriol)	Dau blât cefnforol yn symud oddi wrth ei gilydd	Llosgfynyddoedd basaltig a daeargrynfeydd bychan a bas	Cefnen Canol yr Iwerydd (Gwlad yr Iâ), dan y dŵr gan fwyaf	Llwyfandiroedd lafa. Cefnennau cefnforol
	Dau blât cyfandirol yn symud oddi wrth ei gilydd	Conau basaltig a daeargrynfeydd bychan	Mynydd Nyiragongo (Gweriniaeth Ddemocrataidd Congo) yn Nyffryn Hollt Dwyrain Affrica	Dyffrynnoedd hollt
Ymylon distrywiol (cydgyfeiriol)	Dau blât cefnforol mewn gwrthdrawiad â'i gilydd	Echdoriadau andesitig ffrwydrol i ffurfio arc o ynysoedd yn ogystal â daeargrynfeydd	Bryniau Soufrière ar Montserrat, Ynysoedd Aleutia	Arcau o ynysoedd folcanig
	Dau blât cyfandirol mewn gwrthdrawiad â'i gilydd	Daeargrynfeydd mawr bas, ffawtiau ymwthiol hir	Cylchfa wrthdrawol yr Himalaya	Cadwyni mynyddoedd wedi'u creu drwy gywasgu
	Platiau cefnforol a chyfandirol mewn gwrthdrawiad	Echdoriadau andesitig ffrwydrol a daeargrynfeydd nerthol	Cadwyn o fynyddoedd a llosgfynyddoedd yr Andes	Mynydd-dir uchel cymhleth gyda mynyddoedd plyg a llosgfynyddoedd
Ymylon cadwrol (trawsffurfiol)	Platiau'n llithro heibio'i gilydd	Daeargrynfeydd mawr bas. Dim gweithgaredd folcanig	Ffawt San Andreas, California. Ffawt Gogledd Anatolia, Haiti	Tirweddau ffawtiau streic-rwyg
'Mannau poeth'	Cefnforol	Llosgfynyddoedd tarian basaltig a daeargrynfeydd bychan	Cadwyni o ynysoedd – Hawaii. Ynysoedd Galapagos	Tirwedd folcanig
	Cyfandirol	Mega-echdoriadau rhyolitig enfawr	'Uwch-losgfynydd' Yellowstone, UDA	'Gwreiddiau' uwch-losgfynyddoedd

Cyngor i'r arholiad

Mae Tabl 8 yn grynodeb defnyddiol. Gwnewch yn siŵr eich bod yn ei ddeall ac yn ei ddysgu.

Profi gwybodaeth 28

Pa leoliadau tectonig sydd â'r (a) daeargrynfeydd mwyaf ffyrnig, (b) echdoriadau folcanig mwyaf ffrwydrol?

Ymylon plât adeiladol

Dau blât o gramen gefnforol

Mae **tyniad slab** yn dod â magma o'r asthenosffer i'r wyneb. Dyma beth sy'n symud y platiau i ffwrdd oddi wrth ei gilydd. Mae'r gwasgedd o'r ymylon yn arwain at godi wyneb y Ddaear a ffurfio cefnen fel Cefnen Canol yr Iwerydd (Ffigur 27). Mae'r system hon o gefnennau a holltau'n ymestyn ar hyd canol yr Iwerydd am ryw 10,000 km. Cafodd ei chreu tua 60 miliwn o flynyddoedd yn ôl pan ymwahanodd Grønland (ar blât Gogledd America) a gogledd-orllewin yr Alban (ar blât Ewrasia) i ffurfio Cefnfor yr Iwerydd. Cyflymder **cyfartalog** y symudiad hwn yw tua 0.025 m y flwyddyn. Ar hyd yr ymyl mae cyfres o losgfynyddoedd tanfor, sydd weithiau'n ffurfio ynys folcanig. Enghraifft o'r math hwn o ynys folcanig yw Gwlad yr Iâ. Mae llawer o'r ynys wedi'i ffurfio o lwyfandir lafa a ffurfiwyd wrth i lafa ymwthio a llifo drwy ffawtiau neu holltau niferus sydd wedi'u ffurfio gan wres y 'mannau poeth'. Suddodd darnau o'r gramen rhwng llinellau ffawt i ffurfio'r dyffryn hollt, sydd i'w weld yn glir yn Thingvellir, ac mae llosgfynyddoedd byw hefyd, fel Hekla a Grimsvötn, yn gysylltiedig â holltau unigol o'r 'mannau poeth'.

Mae rhan fwyaf o'r gweithgaredd daeargrynfeydd ar ymyl adeiladol yn fas, o faint isel ac o amlder uchel. Mae'n digwydd yn aml ar hyd ffawtiau trawsffurf ar ongl i'r gefnen gefnforol. Yn ystod mis Mehefin 2000, cafwyd daeargryn arwyddocaol o 6.5 ar raddfa Mercalli, ar arfordir deheuol Gwlad yr Iâ.

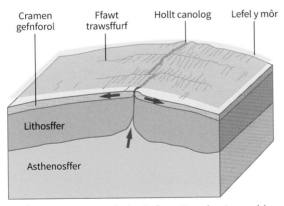

Ffigur 27 Trawstoriad o Gefnen Canol yr Iwerydd

Dau blât o gramen gyfandirol

Mae Dyffryn Hollt Dwyrain Affrica yn enghraifft o ymyl adeiladol mewn ardal o gramen gyfandirol. Mae Dwyrain Affrica yn symud tua'r gogledd-ddwyrain, gan ddargyfeirio oddi wrth brif blât Affrica, sy'n symud tua'r gogledd. Mae'r dyffryn hollt, sy'n cynnwys dwy gangen gweddol baralel, yn ymestyn am 4000 km o Mozambique yn y de i'r Môr Coch yn y gogledd. Mae sgarpiau llinell ffawt sy'n wynebu i mewn i'r dyffryn (sgarpiau ffawt wedi'u herydu yw'r rhain) yn cyrraedd mor uchel â 600 m o uchder uwchlaw llawr y dyffryn.

Profi gwybodaeth 29

Eglurwch y gwahaniaeth rhwng sgarp ffawt a sgarp llinell ffawt.

Mae Ffigur 28 yn dangos yr arweddion canlynol.

- Mae cadwyni o fynyddoedd llinol (cefnennau) yn cael eu ffurfio o ganlyniad i ymwthiad o fagma poeth sy'n gwthio tua'r wyneb ar ymylon y platiau.
- Mae hollt canolog yn ffurfio o ganlyniad i suddiant rhwng dwy ffawt normal i ffurfio dyffryn hollt.
- Mae cyfresi o lynnoedd (e.e. Llyn Tanganyika) yn ffurfio o fewn y basnau hyn wrth i'r holltau agor i fyny.
- Mae echdoriadau yn digwydd o gyfres o lifau lafa basaltig.
- Mae rhai llosgfynyddoedd mawr (e.e. Kilimanjaro) yn ffurfio lle mae'r gramen wedi teneuo a'r magma'n codi ac yn ymwthio drwy'r llinellau o wendid.
- Mae nifer o gonau lludw basalt bychan yn ffurfio ar lawr y dyffryn hollt, yn aml maen nhw'n cynnwys cyfuniad o lafa a lludw.
- Mae ymwthiadau igneaidd bychan yn digwydd, yn llifo i fyny drwy'r ffawtiau a'r holltau i ffurfio deiciau.

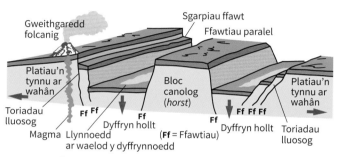

Ffigur 28 Arweddion allweddol dyffryn hollt

Dros amser, bydd y dyffryn hollt yn cael ei ailffurfio, er enghraifft, gan raeadrau yn llifo dros y llwyfandir lafa yn ogystal â hindreuliad a màs-symudiad ar y sgarp ffawt i greu sgarpiau llinell ffawt.

Ymylon plât distrywiol

Mae ymylon platiau distrywiol i'w gweld lle mae dau blât yn cydgyfeirio o ganlyniad i dyniant y slabiau at ei gilydd.

Cramen gefnforol a chramen gefnforol arall

Wrth i ddau blât cefnforol gydgyfeirio, mae tansugno'n digwydd, gan fod un plât yn debygol o fod ychydig yn hŷn, yn oerach neu'n fwy dwys na'r llall. Caiff y plât hwnnw ei **dansugno** a'i gynhesu, ac yn y pen draw bydd yn toddi dan wasgedd tua 100 km o dan yr wyneb. Mae'r deunydd toddedig yn codi tua'r wyneb drwy unrhyw linell o wendid. Mae gweithgaredd folcanig allwthiol yn arwain at ffurfiant **arc o ynysoedd**, sef cadwyn o ynysoedd folcanig uwchlaw'r gylchfa dansugno. Fel y gwelir yn Ffigur 29, mae Ynysoedd Mariana wedi'u ffurfio fel hyn drwy gydgyfeiriant Plât y Cefnfor Tawel a Phlât Pilipinas, gyda Phlât y Cefnfor Tawel yn cael ei dansugno i ffurfio Ffos Marianas ddofn. Mae daeargrynfeydd mawr wedi'u canolbwyntio ar hyd y plât sydd wedi'i dansugno (**Cylchfa Benioff**).

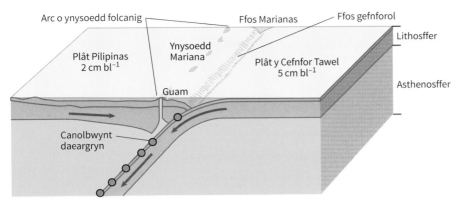

Ffigur 29 Trawstoriad o ymyl distrywiol cefnforol/cefnforol

Cramen gefnforol a chramen gyfandirol

Mae cramen gefnforol yn fwy dwys na chramen gyfandirol. O ganlyniad, lle mae'r ddau fath o gramen yn cydgyfeirio, bydd y gramen fwy dwys yn cael ei thansugno lawr i'r asthenosffer gan dyniad slab. Eto, bydd ffos gefnforol yn cael ei ffurfio ar wely'r môr yn y man y mae'r **tansugno** yn digwydd. Gan ei bod yn ysgafnach ac yn llifo'n rhwyddach, ni fydd y gramen gyfandirol yn cael ei thansugno. Yn hytrach caiff ei chodi, ei ffawtio a'i phlygu i ffurfio cadwyn o fynyddoedd (Ffigur 30). Mae magma sy'n codi yn torri drwy unrhyw linellau o wendid i ffurfio llosgfynyddoedd, gydag echdoriadau anaml ond ffyrnig, neu yn caledu o dan yr wyneb i ffurfio creigiau igneaidd ymwthiol fel batholithau gwenithfaen sy'n gallu cael eu dinoethi gan flynyddoedd lawer o erydiad.

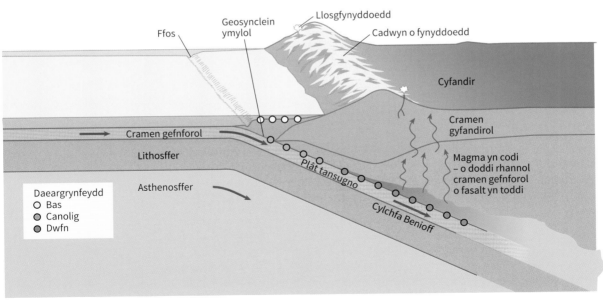

Ffigur 30 Trawsdoriad o ymyl distrywiol cefnforol/cyfandirol

Er enghraifft, ar gyfandir De America, mae plât cefnforol Nazca yn symud tua 12 cm y flwyddyn tua'r dwyrain ac yn cydgyfeirio â, ac yn cael ei dansugno dan blât cyfandirol De America, sy'n symud 1 cm y flwyddyn tua'r gorllewin. Mae'r Andes, sy'n gadwyn o fynyddoedd plyg, yn frith o losgfynyddoedd byw fel Cotopaxi yn Ecuador, sy'n codi bron 7000 m uwchlaw lefel y môr. Mae ffos Periw-Chile, sy'n cyrraedd dyfnder o 8000 m, yn digwydd yn yr ardal dansugno. Mae daeargrynfeydd (e.e. gogledd Periw yn 1970 ac Ecuador yn 2016) yn gyffredin ac yn aml yn nerthol (hyd at nerth MM9) ac yn digwydd ar amrediad o ddyfnderoedd ar hyd Cylchfa Benioff.

Cramen gyfandirol a chramen gyfandirol arall: ymylon gwrthdrawol

Ymyl gwrthdrawol (*collision margin*) yw lle mae dau blât o gramen gyfandirol yn cydgyfeirio. Gan fod y ddau blât yn ysgafn, yn llifo'n rhwydd ac yn cynnwys gwenithfaen llai dwys, does dim tansugno. Mae hen waddodion cefnforol sydd rhwng y ddau blât yn cael eu gwthio i fyny, dan gywasgiad dwys, gan ffurfio cadwyni mawr a chymhleth o fynyddoedd. Fel arfer, does dim gweithgaredd folcanig ar y math hwn o ymyl gan nad oes cramen yn cael ei distrywio trwy dansugno na chramen newydd yn cael ei chreu gan fagma'n codi. Ond, mae daeargrynfeydd yn digwydd. Mae canolbwynt dwfn i rai gan achosi llai o effaith ar yr wyneb, ond mae daeargrynfeydd bas a pheryglus iawn hefyd yn digwydd, yn aml mewn ardaloedd poblog ar odre'r mynyddoedd, e.e. Nepal.

Mae Mynyddoedd Himalaya yn enghraifft dda o gylchfa wrthdrawol. Mae Plât Indo-Awstralia yn symud tua'r gogledd rhyw 5–6 cm y flwyddyn, ac felly'n gwrthdaro â Phlât Ewrasia. Cyn y gwrthdrawiad hwn, roedd y ddau ehangdir cyfandirol wedi'u gwahanu gan olion Môr Tethys, a ffurfiwyd pan ddatgymalwyd Pangaea tua 300 miliwn o flynyddoedd yn ôl.

Ffurfiodd Mynyddoedd Himalaya wrth i'r ddau blât wrthdaro (orogenesis). Dyma fynyddoedd daearegol gymhleth o ganlyniad i'r cywasgu dwys. Ffurfiwyd plygiadau eithafol (*nappes*), a hefyd ffawtiau ymwthiol a ffurfiwyd wrth i'r tir godi. Mae'r mynyddoedd hyn yn codi hyd at 9000 m ac maen nhw'n cynnwys Mynydd Everest. Cafodd y gramen ei gorfodi lawr gan y trwch mawr o waddodion (gostyngiad isostatig) ac mae gwreiddiau'r mynyddoedd yn ddwfn o fewn y Ddaear. Mae'r symudiad gwrthdrawol yn achosi straen mawr sy'n cael ei ryddhau gan ddaeargrynfeydd fel daeargryn Gorkha yn Nepal yn 2015.

Ymylon plât cadwrol

Ymyl cadwrol yw lle mae dau blât yn symud yn ochrol heibio'i gilydd – **symudiad trawsffurfiol**. Fel ar ymyl gwrthdrawol, does dim gweithgaredd folcanig yma gan nad oes cramen yn cael ei distrywio gan dansugno na chramen newydd yn cael ei chreu gan fagma'n codi. Ond, mae daeargrynfeydd bas o amlder a maint amrywiol yn digwydd.

Mae daeargrynfeydd o amlder uchel a maint isel yn digwydd wrth i wasgedd ar hyd yr ymyl gael ei ryddhau'n gymharol rwydd, fel arfer hyd at ddeg y diwrnod. Weithiau, ceir digwyddiad mawr yn dilyn gwasgedd yn cronni, fel arfer wrth i lefelau uchel o ffrithiant gyfyngu ar symudiad ar hyd y llinellau ffawt gwreiddiol (e.e. daeargryn Haiti yn 2010).

Yr enghraifft fwyaf adnabyddus o ymyl cadwrol yw Ffawt San Andreas, California, lle mae Plât y Cefnor Tawel a Phlât Gogledd America yn cyfarfod. Mae Plât y Cefnor Tawel yn symud tua'r gogledd-orllewin ar gyflymder o 6 cm y flwyddyn, tra bod Plât Gogledd

America, er yn symud i'r un cyfeiriad yn gyffredinol, ond yn symud tua 1 cm y flwyddyn. Er bod dirgryniadau'n gyffredin, yn anaml iawn mae'r 'Daeargryn Mawr' yn digwydd, fel y digwyddodd yn San Francisco yn 1906 a 1989.

Mae Ffigur 31 yn crynhoi'r prif arweddion ar ymyl cadwrol, yn gysylltiedig i raddau helaeth â'r erydiad ar hyd y llinell ffawt.

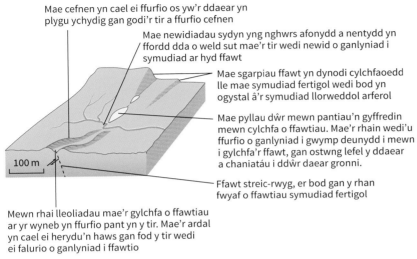

Mae cefnen yn cael ei ffurfio os yw'r ddaear yn plygu ychydig gan godi'r tir a ffurfio cefnen

Mae newidiadau sydyn yng nghwrs afonydd a nentydd yn ffordd dda o weld sut mae'r tir wedi newid o ganlyniad i symudiad ar hyd ffawt

Mae sgarpiau ffawt yn dynodi cylchfaoedd lle mae symudiad fertigol wedi bod yn ogystal â'r symudiad llorweddol arferol

Mae pyllau dŵr mewn pantiau'n gyffredin mewn cylchfa o ffawtiau. Mae'r rhain wedi'u ffurfio o ganlyniad i gwymp deunydd i mewn i gylchfa'r ffawt, gan ostwng lefel y ddaear a chaniatáu i ddŵr daear gronni.

100 m

Ffawt streic-rwyg, er bod gan y rhan fwyaf o ffawtiau symudiad fertigol

Mewn rhai lleoliadau mae'r gylchfa o ffawtiau ar yr wyneb yn ffurfio pant yn y tir. Mae'r ardal yn cael ei herydu'n haws gan fod y tir wedi ei falurio o ganlyniad i ffawtio

Ffigur 31 Prif arweddion ymyl cadwrol

Mannau poeth

Ardaloedd bychan o'r gramen sydd â llif gwres anarferol o uchel yw mannau poeth. Maen nhw i'w gweld ychydig bellter o ymylon y platiau.

Digwydd mannau poeth **cefnforol** lle mae magma'n codi o'r asthenosffer. Os yw'r gramen yn arbennig o denau neu wan, gall magma ddianc i'r wyneb fel echdoriad folcanig. Gall lafa adeiladu tir dros gyfnod o amser hyd nes ei fod uwchlaw lefel presennol y môr, gan ffurfio ynysoedd folcanig.

Cadwyn o ynysoedd folcanig sy'n gorwedd dros fan poeth sefydlog yw ynysoedd Hawaii (Ffigur 32). Mae Plât y Cefnfor Tawel wedi bod yn symud dros y man poeth am ryw 70 miliwn o flynyddoedd, gan ffurfio cyfres o ynysoedd folcanig. Wrth i'r plât symud, mae'r llosgfynyddoedd wedi'u cludo i ffwrdd o'r man poeth tua'r gogledd-orllewin, gan ffurfio cadwyn o losgfynyddoedd tanfor marw sy'n cael eu galw'n **fynyddoedd môr**, sy'n ymestyn yr holl ffordd i Ynysoedd Aleutia. Bellach, mae llosgfynydd newydd, o'r enw Loihi, yn echdorri 35 km i'r de-ddwyrain o'r Ynys Fawr yn Hawaii. Hyd yma, mae'r llosgfynydd yn 3000 m o uchder. Mae 2000 m arall i gyrraedd wyneb y môr. Disgwylir iddo gyrraedd wyneb y môr ymhen 10,000–100,000 o flynyddoedd. Mae llosgfynyddoedd yr Ynys Fawr (Hawaii) yn rhai byw, gydag echdoriadau llifeiriol yn aml o Kilauea. Mewn gwirionedd, mae copaon uchel Mauna Kea a Mauna Loa yn uwch na Mynydd Everest, ond bod godre'r mynyddoedd hyn ymhell o dan lefel y môr.

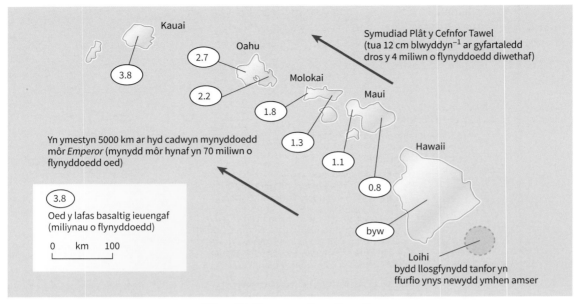

Ffigur 32 Y man poeth yn Hawaii

Mae enghraifft o **fan poeth cyfandirol** i'w weld islaw Parc Cenedlaethol Yellowstone. Mae'n debyg bod ffrwydrad hynod o nerthol wedi digwydd yno oedd ar ben eithaf y raddfa VEI (gweler tud. 69). Mae cofnodion daearegol yn awgrymu mai tua 2.1 miliwn o flynyddoedd yn ôl y digwyddodd hyn yn Yellowstone. Amcangyfrifir bod y ffrwydrad hwn o nwy a chreigiau wedi'u toddi tua 6000 gwaith yn fwy nag echdoriad Mynydd St. Helens.

Dosbarthiad byd-eang peryglon tectonig

Mae peryglon tectonig yn cynnwys daeargrynfeydd a llosgfynyddoedd.

Daeargrynfeydd

Mae Ffigur 33 yn dangos dosbarthiad 30,000 o ddaeargrynfeydd gafodd eu cofnodi dros y ddegawd ddiwethaf. Mae'n dangos nad yw prif gylchfaoedd daeargrynfeydd wedi'u dosbarthu ar hap, ond yn hytrach maen nhw'n dilyn ymylon y platiau.

Gellir lleoli'r ardaloedd sy'n cael eu heffeithio gan ddaeargrynfeydd neu weithgaredd **seismig** i bedwar lleoliad sy'n gysylltiedig ag ymylon platiau.

1   Ymylon **adeiladol** ar hyd y cefnennau cefnforol. Mae daeargrynfeydd yn y gylchfa hon yn fas ar y cyfan, o ganlyniad i ffawtiau trawsffurf tensiynol yn y gramen ac ysgwyd yn ystod gweithgaredd folcanig. Ar hyd y cefnennau cefnforol mae nifer o ddaeargrynfeydd yn rhai tanfor sydd ddim yn fygythiad i bobl.

2   Ymylon **distrywiol** lle caiff cramen gefnforol ei thansugno i'r fantell o dan blât cyfandirol, neu lle mae dau blât cefnforol yn gwrthdaro mewn arc o ynysoedd. Mae'r daeargrynfeydd hyn, gan gynnwys rhai nerthol, yn digwydd yn aml yn yr ardaloedd hyn, sydd yn ardaloedd o berygl mawr. Y daeargrynfeydd hyn sydd, gan amlaf, yn achosi *tsunami* (e.e. *tsunami* dydd San Steffan 2004).

3   Ymylon **distrywiol** lle mae dwy gramen gyfandirol yn gwrthdaro i ffurfio mynyddoedd plyg uchel, e.e. Cadwyn yr Alpau a'r Himalaya. Mae daeargrynfeydd

Cyngor i'r arholiad

Ail-ddarllenwch Dabl 8 **Lleoliadau tectonig** ar dudalen 58 i gasglu'r ffeithiau allweddol ar ddosbarthiad daeargrynfeydd a llosgfynyddoedd.

bas yn digwydd mewn cylchfa gymharol eang, gan greu risg uchel o berygl (e.e. daeargryn Bam yn Iran yn 1990) gydag ambell ddaeargryn dwfn yn y ddaear.

4   Ardaloedd lle mae'r gramen yn symud yn ochrol (**trawsffurf**) yn y rhanbarthau cyfandirol. Mae'r symudiadau hyn yn arwain gan amlaf at ddaeargrynfeydd mawr bas. Mae'r rhain i'w gweld ar ymyl cadwrol system ffawt San Andreas, California.

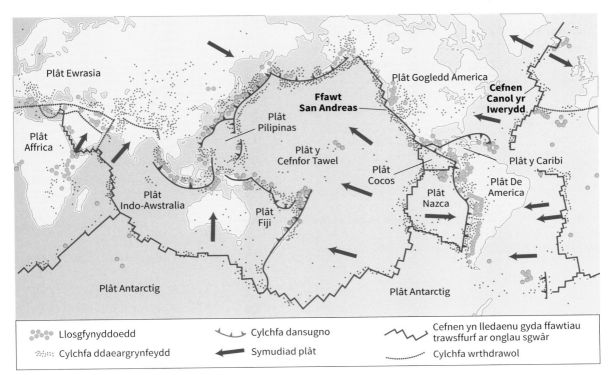

Ffigur 33 Dosbarthiad byd-eang daeargrynfeydd a llosgfynyddoedd

Yn ychwanegol at y lleoliadau hyn, mae daeargrynfeydd yn digwydd hefyd o **fewn plât**. Mae rhyw 15% o ddaeargrynfeydd yn digwydd mewn cramen gyfandirol gymharol sefydlog, i ffwrdd oddi wrth ymylon platiau. Caiff y daeargrynfeydd hyn eu hachosi fel arfer gan symudiad ar hyd hen linellau ffawt sy'n creu straen yng nghreigiau'r gramen (e.e. New Madrid, Missouri, UDA yn 1811 ac 1812 a Tangshen, China, yn 1976, lle collodd 240,000 o bobl eu bywydau). Mae'r daeargrynfeydd hyn yn fwy peryglus gan eu bod yn eithriadol o anodd eu rhagweld.

Mae **daeargrynfeydd lled-naturiol** yn ddaeargrynfeydd sy'n cael eu creu gan weithgareddau dynol. Mae'n bosibl bod daeargryn Killari, India, yn 1993 wedi digwydd o ganlyniad i bwysau dŵr tu ôl i argae mewn cronfa ddŵr a arweiniodd at gynnydd yn y gwasgedd dŵr o fewn mandyllau'r graig. Fe wnaeth hyn yn ei dro arwain at iro'r llinell ffawt.

Yn ddiweddar, mae proses ddadleuol **ffracio** ar gyfer sicrhau cyflenwad newydd o olew a nwy wedi arwain at nifer o ddaeargrynfeydd yn Oklahoma. Cafwyd digwyddiad tebyg yng ngogledd Swydd Gaerhirfryn yn y DU a arweiniodd at atal ffracio yno yn 2015.

Cyngor i'r arholiad

Cofiwch gefnogi eich dadleuon drwy gynnwys digon o ffeithiau am enghreifftiau penodol.

Profi gwybodaeth 31

Eglurwch pam fod proses ffracio'n gallu arwain at ddaeargrynfeydd.

Profi gwybodaeth 32

Eglurwch y gwahaniaeth rhwng magma a lafa.

Llosgfynyddoedd

Mae cyfansoddiad cemegol lafa'n dibynnu ar y sefyllfa ddaearegol y cafodd y lafa ei ffurfio ynddo. Caiff lafa basaltig (basig) ei ffurfio drwy doddi'r gramen gefnforol, tra bod lafa rhyolitig (asidig) sydd â chynnwys silica uchel, yn cael ei ffurfio drwy doddi'r gramen gyfandirol. Rhwng y ddau eithaf hyn mae sawl grŵp arall o fagma, yn cynnwys magma andesitig.

Mae llosgfynyddoedd byw y byd i'w cael mewn tri lleoliad tectonig (gweler Ffigur 28).

1 **Ymylon plât adeiladol (llosgfynyddoedd hollt)**. Mae tua 75% o'r magma sy'n cyrraedd wyneb y Ddaear yn cael ei wthio allan ar hyd yr ymylon yma. Mae hyn yn digwydd yn bennaf ar **gefnennau yng nghanol y cefnfor** lle mae'r uwch fantell yn toddi gan ffurfio magma basaltig. Yn gyffredinol, nid yw'r echdoriadau yn rhai ffrwydrol (VEI 1–2 gweler tud. 69). Gan fod y mwyafrif yn digwydd ar wely'r môr, dydyn nhw ddim yn rhai peryglus i bobl oni bai fod y gefnen gefnforol yn croesi ynysoedd lle mae pobl yn byw, fel Gwlad yr Iâ, er enghraifft. Mae echdoriadau hefyd yn digwydd ar hyd holltau (*fissures*) gan ffurfio llwyfandiroedd lafa. Mae gan ymylon adeiladol **cyfandirol**, fel system Dyffryn Hollt Dwyrain Affrica, losgfynyddoedd byw hefyd, gydag amrywiaeth eang o fathau gwahanol o fagma. Mae'r math o lafa'n ddibynnol ar yr amodau daearegol lleol y mae'r magma'n pasio drwyddyn nhw cyn cyrraedd yr wyneb.

2 **Ymylon plât distrywiol (llosgfynyddoedd tansugno)**. Mae tua 80% o losgfynyddoedd byw y byd yn digwydd ar hyd ymylon distrywiol. Wrth i'r plât cefnforol gael ei dansugno i'r fantell a thoddi dan wasgedd, mae magma basaltig yn codi ac yn cymysgu â'r gramen gyfandirol i greu magma sydd â mwy o silica ynddo na'r cefnennau cefnforol. Gall y magma rhyolitig andesitig yma, neu fagma mwy asidig, arwain at weithgaredd folcanig ffrwydrol.

3 **Mannau poeth**. Gweler tud. 63–64. Mae ynysoedd Hawaii, y Galapagos a'r Azores i gyd yn enghreifftiau o fannau poeth byw. Mae echdoriadau fel arfer yn fyrlymus, gyda magma basaltig sydd ddim yn ludiog iawn. Felly maen nhw'n llai peryglus i bobl, hyd yn oed mewn ardaloedd poblog, er y gallan nhw achosi difrod sylweddol i isadeiledd ac eiddo.

Proffiliau ffisegol peryglon a'u heffeithiau

Mae Ffigur 34 yn cymharu proffiliau ffisegol y tri phrif berygl tectonig. Dyma dechneg ansoddol y gellir ei defnyddio i gymharu'r prif fathau o berygl mewn ffordd weledol. Gellir ei defnyddio hefyd i edrych ar amrediad o ddaeargrynfeydd neu gyfres o echdoriadau folcanig.

Maint daeargrynfeydd

Maint yw'r dylanwad pwysicaf ar ba mor ddifrifol yw effeithiau digwyddiad tectonig. Mae modd mesur hyn, yn enwedig yn achos daeargrynfeydd. Gellir ei ddiffinio fel beth yw maint y grym ffisegol.

Bellach, mae maint daeargryn yn cael ei fesur gan raddfa logarithmig sef graddfa MM (*Moment Magnitude*). Mae'r raddfa hon yn addasiad o **raddfa Richter**. Roedd graddfa Richter yn seiliedig ar osgled (*amplitude*) llinellau ar seismogram, gan ddefnyddio'r osgled mwyaf eithafol a gofnodwyd. Felly, po fwyaf maint y daeargryn yna dyna pryd y bydd y ddaear yn ysgwyd fwyaf. Er enghraifft, mae cynnydd o 1-uned ar y raddfa'n cynrychioli osgled deg gwaith yn fwy – **graddfa logarithmig**. Mae'r raddfa MM yn

Cyngor i'r arholiad

Defnyddiwch y raddfa MM, sy'n cael ei defnyddio fwyaf aml heddiw, gan ei bod yn welliant ar y raddfa Richter.

Cyngor i'r arholiad

Ceisiwch ddysgu tablau syml o ddyddiadau, lleoliad, maint ac effeithiau digwyddiadau tectonig.

seiliedig ar nifer o feini prawf, gan gynnwys maint rhwyg y ffawt a maint symudiad y ffawt. Hyn yn ei dro sy'n penderfynu faint o egni gaiff ei ryddhau. Mae'r canlyniadau'n debyg i raddfa Richter, sy'n parhau i gael ei defnyddio'n eang.

Caiff **graddfa Mercalli** hefyd ei defnyddio i fesur daeargrynfeydd. Graddfa ddisgrifiadol yw hon sy'n mesur maint y difrod gaiff ei achosi gan ddaeargryn yn ysgwyd wyneb y ddaear (gweler Tabl 9). Mae Tabl 10 yn dangos y berthynas rhwng maint daeargryn a'r nifer o farwolaethau mewn degawd.

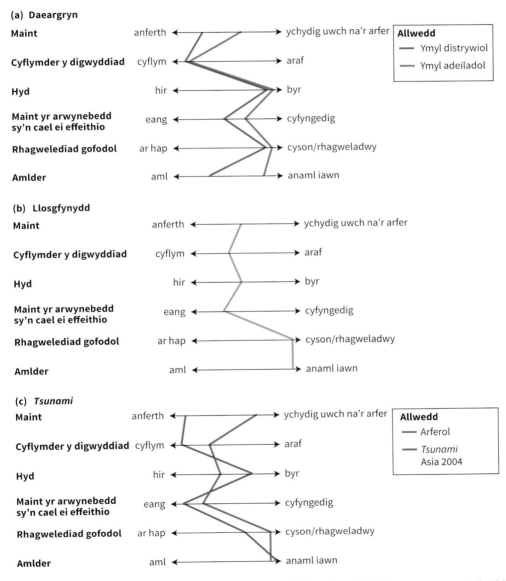

Ffigur 34 Proffiliau peryglon tectonig: (a) daeargryn, (b) llosgfynydd, (c) *tsunami* – perygl eilaidd

Tabl 9 Graddfa arddwysedd Mercalli wedi'i haddasu a'i chwtogi

Cyflymder ar gyfartaledd (cm e⁻¹)	Gwerth arddwysedd a disgrifiad	
	I Ychydig iawn o bobl yn ei deimlo gan amlaf.	
1–2	**II** Ychydig o bobl yn ei deimlo wrth orffwys, yn enwedig ar loriau uwch adeiladau. Gwrthrychau ysgafn sy'n hongian yn siglo.	
2–5	**III** Pobl yn ei deimlo tu fewn, yn enwedig ar loriau uwch adeiladau, ond nifer o bobl heb sylweddoli fod daeargryn yn digwydd. Cerbydau llonydd yn cael eu siglo ychydig. Cryndod fel lori'n pasio. Hyd y daeargryn yn cael ei amcangyfrif.	
5–8	**IV** Nifer yn ei deimlo tu fewn, ac ychydig tu allan yn ystod y dydd. Rhai'n cael eu deffro yn ystod y nos. Aflonyddu ar lestri, ffenestri a drysau; waliau'n gwneud sŵn gwichian. Teimlad fel lori fawr yn taro'r adeilad. Cerbydau llonydd yn cael eu siglo'n sylweddol.	
8–12	**V** Bron pawb yn ei deimlo, nifer yn cael eu deffro. Rhai llestri, ffenestri a.y.b. yn cael eu torri; plastr yn cracio mewn rhai mannau; gwrthrychau ansefydlog yn cael eu troi drosodd. Aflonyddu ar goed, polion a gwrthrychau tal eraill. Clociau pendil yn gallu stopio.	
20–30	**VI** Pawb yn ei deimlo, nifer yn ofnus ac yn rhedeg allan. Rhai darnau o gelfi trwm yn cael eu symud; rhai achosion o blastr yn disgyn a difrod i simneiau. Difrod ysgafn.	
45–55	**VII** Pawb yn rhedeg allan. Difrod ysgafn i adeiladau o gynllun ac adeiladwaith da; difrod ysgafn i gymedrol mewn adeiladau cyffredin sydd wedi'u hadeiladu'n dda; difrod sylweddol mewn strwythurau wedi'u hadeiladu neu'u cynllunio'n wael; rhai simneiau'n torri. Pobl yn gyrru ceir yn sylwi arno.	
	VIII Difrod ysgafn mewn strwythurau wedi'u cynllunio'n arbennig; sylweddol mewn adeiladau cyffredin, gyda rhywfaint o ddymchwel; mawr mewn strwythurau wedi'u hadeiladu'n wael. Paneli waliau'n cael eu taflu allan o ffrâm yr adeilad. Simneiau, cyrn simneiau ffatrïoedd, colofnau, waliau, cofebau yn disgyn. Celfi trwm yn cael eu troi drosodd. Ychydig o dywod a llaid yn cael eu taflu allan. Newidiadau mewn dŵr ffynnon. Aflonyddu ar bobl yn gyrru ceir.	
> 60	**IX** Difrod sylweddol mewn strwythurau wedi'u cynllunio'n arbennig; strwythurau ffrâm wedi'u cynllunio'n dda yn cael eu taflu allan o blwm; difrod mawr mewn adeiladau cadarn, gyda rhai adeiladau'n dymchwel. Adeiladau'n cael eu symud o'u sylfeini. Y ddaear yn cracio'n amlwg. Peipiau tanddaearol yn torri.	
	X Rhai strwythurau pren wedi'u hadeiladu'n dda yn cael eu distrywio; mwyafrif o strwythurau cerrig a ffrâm, gan gynnwys sylfeini, yn cael eu distrywio; y ddaear yn cracio'n sylweddol. Traciau rheilffyrdd yn plygu. Tirlithriadau sylweddol ar lannau afonydd a llethrau serth. Tywod a llaid yn symud. Dŵr yn tasgu, ac yn codi dros y glannau.	
	XI Ychydig o strwythurau cerrig, os o gwbl, sy'n sefyll. Pontydd yn cael eu distrywio. Holltau llydan yn y ddaear. Pibellau tanddaearol ar yr wyneb. Cylchlithriadau a thirlithriadau mewn daear feddal. Traciau rheilffyrdd yn plygu'n sylweddol.	
	XII Difrod llwyr. Tonnau i'w gweld ar wyneb y ddaear. Llinellau lefel yn anffurfio. Gwrthrychau'n cael eu taflu i'r awyr.	

Tabl 10 Y berthynas rhwng maint y daeargryn a nifer y marwolaethau

Dyddiad	Rhanbarth	Maint	Marwolaethau
2011, Mawrth 11	Arfordir dwyrain Honshu, Japan	9.0	28,050
2010, Ionawr 12	Port-au-Prince, Haiti	7.0	220,000
2009, Medi 30	De Sumatra, Indonesia	7.5	1,117
2008, Mai 12	Dwyrain Sichuan, China	7.9	87,587
2006, Mai 26	Java, Indonesia	6.3	5,749
2005, Hydref 8	Kashmir, dwyrain Pakistan/ gogledd-orllewin India	7.6	73,000
2004, Rhagfyr 26	Sumatra a Chefnfor India	9.1	227,898
2003, Rhagfyr 26	Bam, de-ddwyrain Iran	6.6	30,000
2002, Mawrth 25	Hindu Kush, Afghanistan	6.1	1,000
2001, Ionawr 21	Gujarat, gogledd-orllewin India	7.9	20,023

Maint echdoriadau folcanig

Mae pob llosgfynydd yn cael ei ffurfio o ddeunydd toddedig (magma). Does dim graddfa benodol ar gyfer mesur maint echdoriadau. Ond, mae Newhall a Self (1982) wedi paratoi rhyw fath o fesur drwy ddefnyddio **Mynegrif Ffrwydrad Folcanig** (***Volcanic Explosivity Index – VEI***). Mae'r mynegrif hwn yn edrych ar y mathau o fagma a sut mae hynny'n effeithio ar y math o echdoriad. Mae'r mynegrif yn cyfuno sawl elfen fel:

- cyfanswm y deunydd sy'n cael ei ffrwydro allan o'r ddaear
- uchder y cwmwl yn ystod echdoriad
- hyd cyfnod y prif echdoriad
- ffactorau eraill fel cyfradd yr echdoriad

Mae'r raddfa sylfaenol hon yn mesur y perygl rhwng 0-8 gyda 8 yn nodi'r perygl mwyaf. Mae'r canlyniadau hyn yn gysylltiedig â'r math o echdoriad folcanig.

Er enghraifft, roedd echdoriad Mynydd Pinatubo yn y Pilipinas yn 1991 yn **fath Pliniaidd** o echdoriad, gyda chwmwl o ludw'n codi mwy na 30 km i'r atmosffer. Cafodd yr echdoriad hwn ei osod ar raddfa VEI 5-6. Er gwaethaf yr holl fesuriadau sy'n cael eu cymryd, mae nifer o gyfyngiadau i'r raddfa lled-feintiol hon. Er enghraifft, mae pob math o ddeunydd sy'n ffrwydro allan yn cael ei gyfrif yn yr un modd. Does dim ystyriaeth yn cael ei rhoi i allyriadau SO_2. Mae angen y rhain i feintioli effaith echdoriadau ar newid hinsawdd. Digwyddodd y mwyafrif o'r echdoriadau mawr iawn (VEI 6–8) ymhellach yn ôl mewn amser. Mae Tabl 16 yn dangos sut y gellir dosbarthu echdoriadau folcanig gan ddefnyddio'r VEI.

Tabl 11 Mynegrif Ffrwydrad Folcanig (VEI)

VEI	Cyfradd echdoriad ($kg\,e^{-1}$)	Cyfaint y deunydd (m^3)	Uchder colofn yr echdoriad (km)	Hyd ffrwydradau parhaus (oriau)	Chwistrelliad i'r troposffer/ stratosffer	Disgrifiad ansoddol	Enghraifft
0 Anffrwydrol	10^2–10^3	$<10^4$	0.8–1.5	<1	Dibwys / dim	Llifeiriol	Kilauea, yn echdorri'n barhaus
1 Bach	10^3–10^4	10^4–10^6	1.5–2.8	<1	Bach / dim	Tawel	Nyiragongo, 2002
2 Cymedrol	10^4–10^5	10^6–10^7	2.8–5.5	1–6	Cymedrol / dim	Ffrwydrol	Galeras, Colombia, 1993
3 Cymedrol-mawr	10^5–10^6	10^7–10^8	5.5–10.5	1–12	Mawr / posibl	Difrifol	Nevada del Ruiz, 1985
4 Mawr	10^6–10^7	10^8–10^9	10.5–17.0	1–>12	Mawr / pendant	Ffyrnig	Mayon, 1895 Eyjafjallajökull, 2010
5 Mawr iawn	10^7–10^8	10^9–10^{10}	17.0–28.0	6–>12	Mawr / arwyddocaol	Cataclysmig	Vesuvius, oc79 Mynydd St Helens, 1980
6 Mawr iawn	10^8–10^9	10^{10}–10^{11}	28.0–47.0	>12	Mawr / arwyddocaol	Gwasgfaol (*Paroxysmal*)	Mynydd Pinatubo, 1991
7 Mawr iawn	$>10^9$	10^{11}–10^{12}	>47.0	>12	Mawr / arwyddocaol	Anferth	Tambora, 1815
8 Mawr iawn	–	$>10^{12}$	–	>12	Mawr / arwyddocaol	Aruthrol	Yellowstone, miliynau o flynyddoedd yn ôl

Noder mai graddfa logarithmig yw'r VEI, gyda phob cam ar y raddfa'n cynrychioli deg gwaith o gynnydd yn y deunydd gaiff ei ffrwydro o'r ddaear.

Yn amlwg, mae maint y digwyddiad yn dylanwadu ar effeithiau'r digwyddiad.

Amlder

Weithiau caiff **amlder** (pa mor aml mae rhywbeth yn digwydd) ei ddisgrifio fel **lefel dychweliad** (*recurrence level*), e.e. digwyddiad sy'n digwydd unwaith mewn 100 mlynedd. Mae perthynas wrthdro rhwng amlder a maint, hynny yw, y mwyaf yw maint y digwyddiad yna'r lleiaf aml y mae'n digwydd. Mae'n anodd iawn mesur effaith yr amlder ar ddifrifoldeb yr effaith. Yn aml, mewn ardaloedd sy'n profi digwyddiadau tectonig aml, mae mesurau addasu a lliniaru'r effeithiau yn eu lle, gan gynnwys monitro dwys (defnyddiol iawn ar gyfer llosgfynyddoedd), addysgu'r bobl a chreu ymwybyddiaeth ymysg y gymuned o beth i'w wneud (defnyddiol ar gyfer daeargrynfeydd neu symud pobl o ardal sy'n debygol o gael ei heffeithio gan *tsunami*). Mae amrywiol strategaethau technolegol hefyd y gellir eu mabwysiadu ar gyfer cynllunio adeiladau i wrthsefyll daeargryn (Tokyo, San Francisco) neu greu amddiffynfeydd (waliau i amddiffyn rhag *tsunami* yn Japan). Gall digwyddiadau tectonig annisgwyl fod yn arbennig o ddistrywiol, fel daeargryn Killari 1993. Ar y llaw arall, gall llosgfynydd sy'n echdorri'n aml, fel Mynydd Merapi yn Indonesia, olygu bod pobl yn ymgyfarwyddo ag echdoriadau fel nad ydyn nhw'n symud o'r ardal yn ddigon cyflym os bydd digwyddiad o bwys.

Maint yr arwynebedd sy'n cael ei effeithio

Maint yr arwynebedd yw faint o'r ardal sydd wedi cael ei effeithio gan y digwyddiad tectonig (gweler Ffigur 35).

Crynhoad gofodol

Crynhoad gofodol (*spatial concentration*) yw dosbarthiad y peryglon tectonig ar draws ardal ddaearyddol benodol. Mae'r dosbarthiad a'r crynhoad hwn yn cael ei reoli i raddau helaeth iawn gan y math o ymyl plât sy'n gysylltiedig â'r digwyddiad. Fel arfer, bydd pobl yn osgoi byw mewn ardaloedd peryglus ond nid yw hynny'n wir bob tro. Er ei bod hi'n ardal beryglus, gall pridd folcanig ffrwythlon ddenu pobl i sefydlu yno. Dyna sydd wedi digwydd ar lethrau Mynydd Merapi, Indonesia. Yn yr un modd yn Bam, lle bu daeargryn difrifol, roedd cyflenwad o ddŵr ar gael. Mae

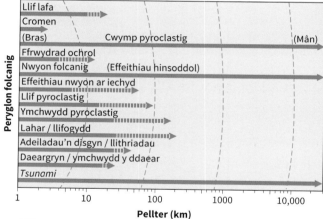

Ffigur 35 Maint yr arwynebedd sy'n cael ei effeithio gan wahanol beryglon echdoriadau folcanig

tirweddau tectonig, yn enwedig tirweddau folcanig, yn denu twristiaeth, fel y gwelwyd yn ystod yr echdoriad annisgwyl yn Ontaki, Japan, yn ddiweddar, lle collodd 48 o gerddwyr oedd yn ymweld â'r ardal eu bywydau.

Hyd

Hyd yw pa mor hir mae'r perygl tectonig yn parhau. Yn aml, mae ôl-gryniadau enfawr yn dilyn y prif ddaeargryn (e.e. Christchurch 2010 a chanol yr Eidal, 2014) neu ceir cyfres o echdoriadau. Er bod daeargrynfeydd unigol ond yn para tua 30 eiliad maen nhw'n gallu arwain at ddifrod sylweddol iawn.

Mae **peryglon eilaidd** yn aml yn ymestyn hyd effaith y digwyddiad a thrwy hynny, yn cynyddu'r difrod. Yn Tohoku, Japan, cafwyd cyfres o ddigwyddiadau oedd yn cynnwys daeargryn, *tsunami* yn ogystal â damwain mewn gorsaf niwclear. Mae peryglon eilaidd sy'n gysylltiedig ag echdoriadau folcanig yn cynnwys **lahar**, sef lleidlif ar ochr llosgfynydd (e.e. Mynydd Pinatubo; gweler tud. 76), neu **jökulhlaup** (llif nerthol o ddŵr rhewlifol) (gweler tud. 77). Mae'r rhain yn niweidiol iawn gan nad oes modd eu rhagweld o flaen llaw. Does dim modd gwybod pryd byddan nhw'n digwydd a pha ardaloedd fydd yn cael eu heffeithio. Ym mis Tachwedd 1985, fe arweiniodd dadmer y cap iâ a'r eira ar losgfynydd Nevado del Ruiz (tud. 79) at leidlifoedd enfawr a gladdodd tref Armero a'r pentrefi o amgylch, gan ladd 23,000 o bobl. Yn lleol, arweiniodd daeargrynfeydd Kashmir yn 2005 a Sichuan yn 2008 yn yr Himalaya at dirlithriadau sylweddol a amharodd ar yr ymdrechion i achub y bobl. O ganlyniad, cafwyd cynnydd yn nifer y marwolaethau.

Cyflymder y digwyddiad

Gall **cyflymder y digwyddiad** fod yn ffactor allweddol bwysig. Yn gyffredinol, mae daeargrynfeydd yn digwydd heb fawr o rybudd. Arweiniodd cyflymder y digwyddiad a'r ysgwyd a ddilynodd at ddinistr sylweddol yn ystod daeargryn Kobe. Yn ychwanegol at hyn, cyfrannodd ffactorau eraill hefyd i'r difrod, fel amser y dydd a'r math o adeiladau. Mae *tsunami* Gŵyl San Steffan 2004 yn dangos fel y gall nifer o ffactorau effeithio ar y canlyniadau (gweler tud. 101) . Er enghraifft, yn ystod y *tsunami* nid oedd rhybudd yn bosibl yn Aceh, Indonesia, ond roedd hi'n bosibl rhoi rhybuddion mewn ardaloedd eraill fod *tsunami* ar y ffordd gan roi cyfle i'r boblogaeth symud o'r ardal. Doedd dim system rybudd soffistigedig (mae system yn ei lle erbyn hyn) ar gyfer Cefnfor India, ond llwyddodd nifer o bobl i ddianc mewn pryd. Mae'r system sydd bellach yn ei lle yn debyg iawn i'r system sy'n bodoli yn y Cefnfor Tawel gyda'r brif ganolfan wedi'i lleoli yn Hawaii.

Rhagweld digwyddiad

Mae'r ansicrwydd sy'n gysylltiedig â'r gallu i ragweld daeargryn ac echdoriad folcanig yn gallu ychwanegu at effeithiau'r digwyddiadau hynny. Er bod defnyddio **theori'r bwlch seismig** (*seismic gap theory*) yn cynyddu'r posibilrwydd o ragweld yr 'Un Mawr', mewn gwirionedd, mae daeargrynfeydd yn anodd iawn i'w rhagweld. Mae echdoriadau folcanig hefyd yn anodd ei rhagweld yn hollol bendant, hyd yn oed o'u monitro'n fanwl. Does neb yn gwybod pryd yn union y bydd Vesuvius ger Napoli, ar lannau Bae Napoli, yn ffrwydro eto. Mae'n ardal boblog iawn ac mae cynlluniau yn eu lle ar gyfer digwyddiad o'r fath ... ond does neb yn gwybod yn union pryd!

Profi gwybodaeth 33

Diffiniwch y term 'ôl-gryniad'. Eglurwch ei arwyddocâd ar gyfer y daeargrynfeydd yn Christchurch yn Seland Newydd.

Profi gwybodaeth 34

Eglurwch beth yw ystyr theori'r bwlch seismig ac eglurwch beth yw pwysigrwydd y theori hon wrth geisio rhagweld daeargryn.

Crynodeb

- Mae gan adeiledd y Ddaear nifer o haenau sef craidd mewnol, craidd allanol, mantell a chramen. Mae gan bob un o'r haenau hyn wahanol ddwysedd, cyfansoddiad cemegol a phriodweddau ffisegol.
- Yn ôl theori tectoneg platiau, mae wyneb y Ddaear wedi'i wneud o blatiau solid sy'n 'arnofio' ar yr asthenosffer. Y gred oedd bod ceryntau darfudol, o ganlyniad i ddirywiad ymbelydrol yng nghraidd y Ddaear, yn gyfrifol am symudiad y platiau. Bellach, llithriad disgyrchol sy'n cael ei ystyried fel y grym sy'n gyrru'r symudiad hwn gyda thyniad slab fel y brif fecannwaith.
- Mae platiau'n symud mewn tair ffordd wahanol: dargyfeirio ar ymyl adeiladol, cydgyfeirio ar ymyl distrywiol, neu symud yn drawsffurfiol ar ymyl cadwrol. Mae'r symudiadau hyn yn digwydd o dan y cefnforoedd ac ar y cyfandiroedd ac yn arwain at wahanol ganlyniadau.
- Mannau poeth yw ardaloedd bychan o'r gramen sydd â llif gwres anarferol o uchel. Fe'u lleolir i ffwrdd o ymylon platiau.

- Mae prif gylchfaoedd daeargrynfeydd yn dilyn ymylon y platiau'n agos ond mae daeargrynfeydd o fewn platiau a daeargrynfeydd lled-naturiol, sydd wedi'u hachosi gan weithgaredd dynol, hefyd yn digwydd.
- Mae llosgfynyddoedd byw i'w gweld ar hyd ymylon plât adeiladol ac ymylon plât distrywiol ac ar fannau poeth.

- Mae'r nodweddion sy'n dylanwadu ar beth yw effeithiau'r digwyddiadau hyn yn cynnwys maint y digwyddiad (defnyddio graddfeydd Mercalli, Richter a VEI), y gallu i ragweld digwyddiad, amlder digwyddiad, hyd y cyfnod mae'r digwyddiad yn parhau, cyflymder y digwyddiad a beth yw maint yr ardal sy'n cael ei heffeithio.

Llosgfynyddoedd, prosesau, peryglon a'u heffeithiau

Mathau o losgfynyddoedd

Gall llosgfynyddoedd gael eu dosbarthu yn ôl eu **siâp** a natur yr **agorfa** y mae'r magma yn cael ei wthio allan ohono, yn ogystal â natur yr **echdoriad**.

Siâp y llosgfynydd a'i agorfa

Mae Ffigur 36 yn dangos sut y gall llosgfynyddoedd gael eu dosbarthu yn ôl eu siâp. Ar y cyfan, mae'r siâp yn dibynnu ar y deunydd sy'n cael ei echdorri, sy'n gysylltiedig yn y pen draw â'r lleoliad tectonig.

- Mae **echdoriad hollt** yn digwydd pan fydd lafa'n cael ei ryddhau drwy holltau tensiynol llinol, yn hytrach nag agorfa ganolog, ar ffiniau platiau adeiladol. Dechreuodd echdoriad Haimeay, Gwlad yr Iâ yn 1973, gyda lafa'n byrlymu drwy hollt 2 km o hyd.

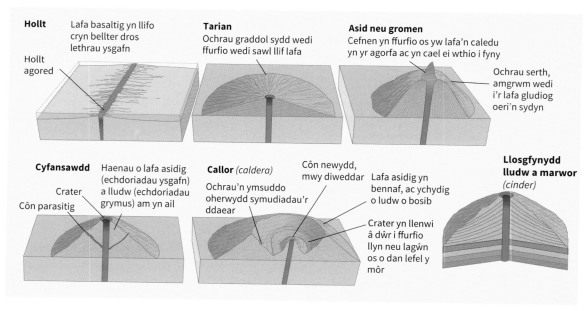

Ffigur 36 Mathau o losgfynyddoedd yn ôl siâp

- Mae **llosgfynyddoedd tarian**, fel Mauna Kea yn Hawaii, yn cael eu ffurfio wrth i lif enfawr o lafa basaltig arllwys allan o agorfa ganolog. Oherwydd natur fyrlymus y lafa hylifol, gall ymledu dros ardal eang cyn caledu. Canlyniad hyn yw ffurfio côn folcanig enfawr gydag ochrau graddol. Oherwydd bod cynnwys y lafa'n isel o ran silica (<50%) ac yn echdorri ar dymheredd o tua 1200°C, nid yw'n ludiog iawn. Mae Mauna Loa yn Hawaii wedi ffurfio côn sy'n ymestyn 9000 m o waelod y môr, gyda diamedr o 120 km ar ei waelod, yn codi ar raddiant o tua 6°C at y copa. Mae llosgfynyddoedd tarian yn digwydd ar ymylon platiau cefnforol dargyfeiriol a mannau poeth.
- Mae **llosgfynyddoedd côn cyfansawdd neu strato-losgfynyddoedd** yn cael eu ffurfio o haenau o lafa a lludw am yn ail, sy'n digwydd wedi echdoriad ar hyd ymylon platiau distrywiol. Gyda mwy na 50% o gynnwys silica, mae'r lafa ei hun yn asidig ar y cyfan. Mae ganddo dymheredd o tua 800°C, sy'n golygu ei fod yn llifo'n arafach, gan ffurfio conau gydag ochrau mwy serth. Mae'r lludw yn cael ei gynhyrchu yn ystod cyfnod ffrwydrol, ffyrnig, yn aml wedi i'r agorfa gael ei blocio. Llosgfynyddoedd cyfansawdd yw llawer o losgfynyddoedd enwocaf y byd, gan gynnwys Mynydd Etna, Vesuvius a Popocatapetl. Siâp cyfansawdd clasurol sydd i Etna gyda llethrau 50° yn agos i'r gwaelod, ond llethrau mwy graddol o 30° tua'r copa, gyda chrater amlwg.
- Canlyniad lafa asidig yn caledu'n gyflym wrth ddod i gysylltiad â'r aer yw **llosgfynyddoedd asid neu gromen**. Fel arfer, mae gan y llosgfynyddoedd hyn gonau parasitig sy'n cael eu ffurfio wrth i godiad magma rhyolitig drwy'r brif agorfa gael ei flocio. Mae i'r conau hyn ochrau serth ac amgrwm. Mewn un enghraifft eithafol (Mynydd Pelée) gwnaeth y lafa galedu wrth iddo godi drwy'r agorfa, gan ffurfio cefnen, yn hytrach na llifo i lawr yr ochrau.
- Mae **conau lludw a marwor**, fel Paricutin, yn cael eu ffurfio wrth i ludw a marwor gasglu mewn côn silindrog cymharol fach o ran maint. Maen nhw'n hynod o athraidd gan eu bod nhw wedi eu ffurfio o farwor folcanig rhydd. Uchder arferol côn o'r fath yw 800 m, gyda chrater siâp powlen.
- Bydd **callor** (caldera) yn cael ei ffurfio wrth i nwyon gynyddu nes achosi ffrwydrad. Gall ffrwydradau anferth fel hyn glirio'r siambr fagma o dan y llosgfynydd a chwalu copa'r côn neu achosi i ochrau'r crater ddymchwel a suddo, gan ledaenu'r agorfa i sawl cilometr mewn diamedr. Yn aml iawn, bydd callor yn llenwi â dŵr i ffurfio llyn. Bydd conau llai yn ffurfio o fewn y llynnoedd hyn yn dilyn echdoriadau diweddarach, e.e. Wizard Island yn Crater Lake, Oregon.

Natur yr echdoriad

Mae natur yr echdoriad hefyd yn allweddol. Mae Tabl 12 yn dangos y prif fathau o echdoriad. Mae hyn yn seiliedig ar ba mor ffyrnig neu ffrwydrol yw'r echdoriad sy'n ganlyniad i'r gwasgedd a faint o nwy sydd yn y magma.

Tabl 12 Y prif fathau o echdoriad

	Math	Disgrifiad
Byrlymus	Gwlad yr Iâ	Lafa'n llifo'n syth o hollt
	Hawaiiaidd	Lafa'n cael ei ollwng yn raddol o agorfa
	Strombolaidd	Echdoriadau bach ond cyson yn digwydd
	Vulcanaidd	Yn fwy ffyrnig ond yn llai cyson
	Vesuviaidd	Ffrwydrad ffyrnig wedi cyfnod hir o 'dawelwch'
	Krakatoaidd	Ffrwydrad eithafol o ffyrnig
	Peleaidd	Ffrwydrad ffyrnig o lifau pyroclastig (nuées ardentes)
Ffrwydrol	Pliniaidd	Llawer iawn o lafa a deunydd pyroclastig yn cael eu ffrwydro allan

Cyngor i'r arholiad

Cysylltwch y mathau o echdoriad â'r raddfa VEI. Cofiwch ddefnyddio enghraifft ar gyfer pob math o echdoriad.

Prosesau folcanig a'r peryglon sy'n cael eu creu

Llif ac ymchwydd pyroclastig

Dros y blynyddoedd, llifau pyroclastig sydd wedi bod yn gyfrifol am y mwyafrif o farwolaethau sy'n gysylltiedig â llosgfynyddoedd. Maen nhw hefyd yn cael eu galw'n **nuées ardentes** (cymylau disglair) ac maen nhw'n digwydd wrth i'r magma tawdd ffurfio ewyn yn agorfa'r llosgfynydd. Bydd swigod yn y magma yn ffrwydro i ollwng cyfuniad llethol o nwyon poeth a deunydd pyroclastig (darnau bach folcanig, lludw, pwmis a siapiau gwydr). Bydd ffrwydradau pyroclastig yn llifo i lawr y llethrau, am eu bod yn cynnwys llwyth trwm o lwch a thameidiau o graig, ac felly'n fwy dwys na'r aer o'u cwmpas. Gall y cymylau fod yn llythrennol goch fel tân, (hyd at 1000°C). Mae'r peryglon mwyaf yn digwydd pan fydd y crater ar y copa wedi'i flocio gan fagma rhyolitig gludiog a ffrwydradau ochrol o fath Peléaidd yn digwydd, gydag ymchwyddiadau o 30 ms^{-1} yn agos i'r ddaear a hyd at 30–40 km o'r tarddle.

Prin iawn yw'r rhybudd gyda'r math hwn o ddigwyddiad; bydd unrhyw un sy'n agos yn cael eu lladd ar unwaith gan losgiadau mewnol ac allanol difrifol yn ogystal â mygu i farwolaeth. Roedd y cwmwl a effeithiodd ar dref St Pierre, Martinique (6 km o ganol yr echdoriad VEI 6) yn nhrychineb Mynydd Peléé yn 1902 yn 700°C ac yn teithio ar 33 ms^{-1} i lawr dyffryn yr Afon Blanche. Cafodd pawb ond tri o drigolion St Pierre (tua 30,000 i gyd) eu lladd. Cafodd un ei achub oherwydd ei fod yn y carchar ar y pryd!

Llif lafa

Er bod llif lafa'n gallu bod yn olygfa anhygoel, mae'n fwy o fygythiad i eiddo nag i fywydau pobl (e.e. echdoriadau Kilauea, a'r difrod i ran helaeth o bentref Kapilani, gyda bron i 200 o dai'n cael eu dinistrio dros ardal o 78 km^2). Daw'r llif lafa mwyaf bygythiol i fywydau pobl o ffrwydradau o hollt, yn hytrach nag o agorfa ganolog, wrth i fagma basaltig hylifol symud i lawr llethrau ar gyflymder o 50 kmh^{-1} gan ymledu'n bell iawn o'r tarddle. Echdorrodd llif lafa marwol o lethrau llosgfynydd Nyiragongo, gan ddraenio'r llyn lafa oedd wedi casglu ar y copa. Lladdwyd 72 o bobl a dinistriwyd adeiladau yn nhref Goma yng Ngweriniaeth Ddemocrataidd Congo.

Lafa **Pahoehoe** yw'r math mwyaf hylifol o lafa, ac mae'n tueddu i ffurfio arwyneb crychlyd. Ar lethrau serth, gall y lafa yma lifo ar gyflymder yn agos i 15 ms^{-1}.

Mae lafa **A'a** yn tueddu i ffurfio blociau, ac yn symud yn fwy araf i lawr y llethrau, gan adael arwyneb garw ac anghyson.

Digwyddodd y trychineb lafa gwaethaf mewn hanes yn 1783 pan arllwysodd lafa o hollt 24 km o hyd yn Laki, Gwlad yr Iâ. Er i rai pobl golli'u bywydau'n uniongyrchol o ganlyniad i'r digwyddiad, ond arweiniodd y methiant cnydau o ganlyniad at newyn. Collodd dros 10,000 eu bywydau, tua 20% o boblogaeth Gwlad yr Iâ.

Cwymp lludw (tephra)

Mae lludw'n cynnwys yr holl ddeunydd mân sy'n cael ei daflu allan gan y llosgfynydd ac yn disgyn ar y ddaear. Cafodd tua 6 km³ o ddeunydd ei greu gan echdoriadau mawr Mynydd St Helens (VEI 5), a gorchuddiodd ardal eang o ogledd orllewin UDA. Roedd y deunydd yn yr echdoriad yn amrywio o 'fomiau' (>32 m mewn diamedr) hyd at lwch mân (<4 mm mewn diamedr). Mae gronynnau trymach, mwy bras yn disgyn o'r awyr yn agos i agorfa'r llosgfynydd. Weithiau, bydd y lludw yn ddigon poeth i achosi tanau. Gall cymylau lludw gael eu chwythu filltiroedd lawer o safle gwreiddiol yr echdoriad gan wyntoedd cryfion.

Gall echdoriadau mawr fel Krakatoa (VEI 6) yn 1883, a achosodd i gwmwl o ludw ledaenu o gwmpas y Ddaear o fewn pythefnos, gael effaith am ddegawdau. Arweiniodd echdoriad Tambora, Indonesia yn 1816 (VEI 7), at ostyngiad yn y tymheredd o gwmpas y Ddaear am tua 1–2 flynedd.

Er bod llai na 5% o farwolaethau yn cael eu hachosi'n uniongyrchol gan gwymp lludw o echdoriadau folcanig (fel arfer oherwydd problemau anadlu), maen nhw'n gallu achosi nifer o broblemau.

- Gall cwympiadau o farwor a lludw ffurfio blanced dros y tirwedd, gan lygru tir ffermio a gwenwyno anifeiliaid.
- Gall lludw achosi problemau iechyd fel problemau croen a thrafferthion anadlu fel silicosis ac anhwylder rhwystrol cronig ar yr ysgyfaint (COPD).
- Gall pwysau'r lludw niweidio toeon adeiladau.
- Gall lludw olchi i mewn i lynnoedd ac afonydd ac achosi lahar.
- Gall lludw gwlyb achosi i offer trydanol fethu.
- Gall lludw mân fygu hidlwyr aer a niweidio cerbydau ac awyrennau.
- Gall lludw arwain at ddamweiniau oherwydd ffyrdd llithrig a'r anhawster i weld yn glir.

Nwyon folcanig

Mae llawer o nwyon gwahanol yn cael eu rhyddhau yn ystod echdoriadau ffrwydrol ac wrth i lafa oeri. Mae'r cymysgedd o nwyon yn cynnwys cyfansymiau gwahanol o anwedd dŵr, hydrogen, carbon monocsid, carbon deuocsid, hydrogen sylffad, sylffwr deuocsid, clorin a hydrogen clorid.

Mae carbon monocsid yn achosi marwolaethau oherwydd ei effeithiau gwenwynig ar lefelau isel iawn, ond mae'r rhan fwyaf o farwolaethau'n gysylltiedig â rhyddhau carbon deuocsid (CO_2), am fod CO_2 yn ddi-liw a diarogl. Yn Indonesia, wrth i'r pentrefwyr geisio dianc wedi echdoriad Mynydd Merapi, fe gerddon nhw i mewn i haenen ddwys o CO_2 oedd wedi codi o'r llosgfynydd a disgyn i'r ddaear (gan ei fod yn fwy dwys na'r aer); cafodd 149 o bobl eu mygu i farwolaeth.

Gall rhyddhau CO_2 o safle folcanig o'r gorffennol hefyd achosi bygythiad anarferol iawn. Yn 1984, torrodd cwmwl o nwy, yn llawn CO_2, allan o grater Llyn Monoun, Cameroon, gan ladd 37 o bobl. Ddwy flynedd yn ddiweddarach yn 1986, digwyddodd trychineb tebyg yng nghrater Llyn Nyos, Cameroon, gan ladd 1746 o bobl a mwy na 8000 o anifeiliaid. Achosodd y ffrwydrad nwy gwmwl oedd yn ymestyn 100 m yn uwch na'r llyn, cyn i'r cwmwl trwchus lifo i lawr dau ddyffryn gan orchuddio ardal o dros 60 km².

Cyngor i'r arholiad

Ewch ati i ymchwilio i effeithiau echdoriad Eyjafjallakökull yn 2010 ar yr economi byd-eang. Nid oedd awyrennau'n gallu hedfan ar draws y byd. Mae'n astudiaeth achos unigryw.

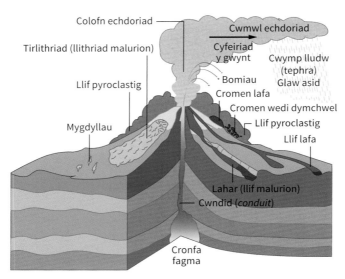

Ffigur 37 Mathau o beryglon folcanig

Mae'r peryglon prin hyn yn ganlyniad i lefelau anarferol o uchel o CO_2 mewn llynnoedd folcanig. Mae'r lefelau yn cynyddu dros gyfnod hir o amser o o darddellau dŵr daear sy'n cynnwys llawer o CO_2 yn llifo i mewn i'r crater.

Peryglon Folcanig Eilaidd

Laharau

Laharau yw'r ail berygl mwyaf i fywydau dynol, ar ôl llifau pyroclastig. Mae'n bosib eu diffinio fel lleidlifau folcanig sy'n cynnwys gwaddodion maint silt yn bennaf. Gall laharau gynnwys lludw folcanig a chreigiau hyd at o leiaf 40% o'i bwysau, yn gymysg â'r glaw trwm sydd yn aml yn cyd-fynd ag echdoriadau folcanig. Maen nhw'n creu llifau dwys, gludiog sy'n gallu teithio hyd yn oed yn gynt na nentydd dŵr clir. Maen nhw'n digwydd ar lethrau folcanig serth, yn enwedig mewn hinsoddau monsŵn neu drofannol llaith (term o Indonesia yw *lahar*).

Mae maint y perygl yn amrywio'n fawr ond fel arfer y llif sy'n cynnwys y gwaddodion mwyaf o faint yw'r gwaethaf. Yn ardal Mynydd Pinatubo yn y Pilipinas, mae laharau yn aml yn cludo a dyddodi degau o filiynau o fetrau ciwbig o waddodion mewn diwrnod ac felly'n fygythiad i'r boblogaeth leol o dros 100,000 o bobl.

Gall laharau gael eu disgrifio fel perygl **cynradd**, yn digwydd yn ystod echdoriad folcanig (**llif poeth** fel arfer), neu fel perygl **eilaidd**, sy'n digwydd wrth i lawiad trwm rhwng echdoriadau achosi llif.

Gall rhai laharau gael eu hachosi gan eira ac iâ yn toddi'n sydyn – perygl amlwg yn achos llosgfynyddoedd gogledd yr Andes. Fe arweiniodd echdoriad llosgfynydd Nevada del Ruiz (gweler tud. 79) at un o'r trychinebau mwyaf o ganlyniad i laharau yn Armero yn Colombia yn 1986.

Profi gwybodaeth 35

Gan ddefnyddio enghreifftiau, eglurwch y gwahaniaeth rhwng peryglon tectonig cynradd, eilaidd a thrydyddol.

Tirlithriadau folcanig

Mae **tirlithriadau** a llithriadau malurion yn nodwedd gyffredin o fethiant tir sy'n gysylltiedig â llosgfynyddoedd. Maen nhw'n cael eu cysylltu'n arbennig â magma silica asidig, dacitig sy'n ludiog iawn ac yn cynnwys swm uchel o nwy toddedig.

Llithriadau mawr o greigiau a deunydd folcanig rhydd yw **tirlithriadau folcanig**. Maen nhw'n gallu digwydd yn ystod echdoriad, fel yn achos Mynydd St Helens pan ddymchwelodd ochr y llosgfynydd gan ffurfio tirlithriadau anferth a llithriadau malurion yn cynnwys 2.7 km^3 o ddeunydd. Glaw trwm, neu ddaeargrynfeydd yn amlach na pheidio, sy'n eu hachosi.

Gall **anffurfiad tir** (*deformation*) oherwydd magma yn achosi llethrau folcanig i ymchwyddo, hefyd achosi ansefydlogrwydd llethrau a thirlithriadau cyn echdoriad, e.e. cyn echdoriad Mynydd St Helens. Cafodd cyfres o ddaeargrynfeydd bychan yno eu dilyn gan godiad tir ac ymchwydd mawr yna daeargryn mwy cyn yr echdoriad.

Jökulhlaups

Yn y mwyafrif o echdoriadau tanrewlifol, mae'r dŵr sy'n cael ei greu o iâ sy'n toddi'n cael ei ddal mewn llyn rhwng y llosgfynydd a'r rhewlif uwch ei ben. Yn y pen draw, mae'r dŵr yn cael ei ryddhau ar ffurf llif ffyrnig a pheryglus. Gan fod digwyddiadau o'r math yma mor gyffredin yng Ngwlad yr Iâ, mae pobl y wlad wedi bathu'r term *jökulhlaup*, sy'n golygu ffrwydrad rhewlifol. Digwyddodd un o'r *jökulhlaup* mwyaf dramatig erioed o ganlyniad i echdoriad Grimsvotn yn 1996. Dros gyfnod o fis, cronnodd dros 3 km^3 o ddŵr tawdd o dan gap iâ'r Vatnajökull. Ffrwydrodd y llyn tanrewlifol yn sydyn, gyda rhywfaint o'r dŵr yn dianc o dan y cap iâ a rhywfaint yn tasgu drwy hollt ar yr ochr. Am gyfnod byr, y llif a ddilynodd oedd yr ail lif mwyaf o ddŵr yn y byd (ar ôl afon Amazonas). Achosodd \$UDA14 miliwn o ddifrod gan adael nifer o fynyddoedd iâ wedi'u gwasgaru ar draws gwastatir arfordirol deheuol Gwlad yr Iâ. Nid yw *jökulhlaup* yn achosi trychinebau mawr yn aml gan mai mewn ardaloedd anghysbell gyda phoblogaeth isel y maen nhw'n digwydd ar y cyfan.

Noder: gall **tsunami** (gweler tud. 82–83) ddigwydd yn dilyn echdoriad folcanig trychinebus yn ogystal ag ar ôl daeargrynfeydd. Er enghraifft, achosodd echdoriad folcanig Krakatoa (VEI 6) yn 1883 at lif o falurion oedd yn ddigon mawr i achosi *tsunami*.

Effaith peryglon folcanig ar bobl a'r amgylchedd adeiledig

Mae effaith peryglon folcanig yn dibynnu ar nifer o ffactorau. Mae'r ffactorau hyn yn cynnwys **proffil ffisegol** y digwyddiad folcanig (gweler tud. 67), statws y llosgfynydd – os yw'n llosgfynydd marw, cwsg neu byw – yn ogystal â ffactorau allweddol eraill fel dwysedd y boblogaeth, lefel datblygiad, effeithiolrwydd y llywodraeth, amseriad yr echdoriad, a phresenoldeb neu absenoldeb strategaethau i leihau'r peryglon.

Profi gwybodaeth 36

Eglurwch beth yw llosgfynyddoedd 'byw', 'cwsg' a 'marw'

Cyngor i'r arholiad

Mae'n bwysig dangos effaith peryglon folcanig drwy gyfeirio at astudiaethau achos. Bydd y ffeithiau yn cynnig tystiolaeth i ychwanegu gwybodaeth am leoliadau i gyfoethogi eich ateb.

Effeithiau amgylcheddol ar raddfa leol, rhanbarthol a byd-eang (ar gyfer astudiaeth Safon Uwch)

Mae cysylltiad agos rhwng effeithiau **amgylcheddol** echdoriadau folcanig ffrwydrol â'r tywydd a'r hinsawdd, fel y gwelir yn Nhabl 13.

Tabl 13 Effaith echdoriadau mawr ffrwydrol ar dywydd a hinsawdd

Effaith	Mecanwaith	Dechrau	Hyd	Graddfa
Cynnydd mewn dyodiad	Llawer o H_2O yn cael ei ryddhau yn ystod echdoriad	Yn ystod echdoriad	1–4 diwrnod, h.y. cyfnod yr echdoriad	Lleol
Amrediad dyddiol tymheredd yn lleihau	Rhwystro pelydriad tonfedd fer a rhyddhau pelydriad tonfedd hir	Ar unwaith	1–4 diwrnod	Lleol
Llai o ddyodiad trofannol	Rhwystro pelydriad tonfedd fer, lleihau anweddiad	1–3 mis	3–6 mis	Rhanbarthol
Oeri yn yr haf yn hemisffer y gogledd, y trofannau a'r is-drofannau	Rhwystro pelydriad tonfedd fer	1–3 mis	1–2 flynedd	Rhanbarthol
Cynhesu stratosfferaidd	Amsugniad stratosfferaidd o belydriad tonfedd fer a thonfedd hir	1–3 mis	1–2 flynedd	Byd-eang
Y gaeafau'n gynhesach ar gyfandiroedd hemisffer y gogledd	Amsugniad stratosfferaidd o belydriad tonfedd fer a thonfedd hir	6 mis	1 neu 2 aeaf	Rhanbarthol
Gostyngiad mewn tymheredd byd-eang	Rhwystro pelydriad tonfedd fer	Ar unwaith	1–3 blynedd	Byd-eang
Oeri byd-eang oherwydd cyfres o echdoriadau	Rhwystro pelydriad tonfedd fer	Ar unwaith	10 mlynedd	Byd-eang
Lleihad yn yr osôn, cynnydd mewn pelydrau uwchfioled	Gwanhau, cemeg heterogenaidd ac erosolau	1 diwrnod	1–2 flynedd	Byd-eang

Effeithiau demograffig, economaidd a chymdeithasol peryglon folcanig ar bobl a'r amgylchedd adeiledig

Yn gyffredinol, dros gyfnod o 25 mlynedd, peryglon cymharol fach yw llosgfynyddoedd o'u cymharu â geo beryglon a thrychinebau naturiol eraill (Tabl 14).

Tabl 14 Colledion blynyddol ar gyfartaledd o ganlyniad i drychinebau naturiol 1975–2000

	Llosgfynyddoedd	Daeargrynfeydd	Pob trychineb naturiol
Nifer y marwolaethau	1,019	18,416	84,034
Nifer yr anafiadau	285	27,585	65,296
Nifer y digartref wedi'r digwyddiad	15,128	239,265	4,856,586
Nifer y bobl gafodd eu heffeithio	94,399	1,590,314	144 miliwn
Amcangyfrif o gost y difrod ($UDA – biliynau)	0.065	21.5	62.0

Peryglon folcanig yw digwyddiadau folcanig â'r potensial i achosi niwed, colledion a marwolaeth i bobl a'r pethau y mae pobl yn eu trysori.

digwyddiad peryglus × pa mor agored yw pobl i berygl = canlyniadau anffafriol, niwed neu golled

Mae Ffigur 38 yn dangos tabl difrod a map o echdoriad Nevado del Ruiz, a effeithiodd yr ardal leol ac economi cyffredinol Colombia yn sylweddol iawn.

Allwedd
- Perygl llif lafa uchel
- Perygl llif lafa cymedrol
- Perygl llif pyroclastig uchel
- Perygl llif pyroclastig cymedrol
- Perygl lleidlif uchel
- Lleidlifau o echdoriad Tachwedd 1985
- —— Perygl cwymp lludw cymedrol
- – – Perygl cwymp lludw uchel
- ···· Gwir ardal y cwymp lludw

Categori'r golled	Manylion
Marwolaethau ac anafiadau	Bron i 70% o boblogaeth Armero yn cael eu lladd (tua 20,000) a 17% pellach (5000) yn cael eu hanafu
Amaethyddol	60% o dda byw'r ardal, 30% o'r cnydau sorgwm a reis, a 500,000 o fagiau coffi'n cael eu distrywio. Dros 3400 ha o dir amaethyddol yn methu cynhyrchu
Cysylltiadau	Bron pob ffordd, pont, llinell ffôn a chyflenwadau pŵer yr ardal wedi'u distrywio. Yr ardal gyfan yn cael ei hynysu
Adeiladau diwydiannol, masnachol a dinesig	50 ysgol, dau ysbyty, 58 ffatri ddiwydiannol, 343 sefydliad masnachol a'r Ganolfan Ymchwil Coffi Cenedlaethol yn cael eu difrodi a'u distrywio'n ddrwg
Cartrefi	Y rhan fwyaf o dai'n cael eu distrywio. 8000 o bobl yn ddigartref
Ariannol	Amcangyfrif o'r gost i'r economi yn $UDA7.7 biliwn neu 20% o CGC y wlad ar gyfer y flwyddyn honno

Ffigur 38 Tabl difrod a map o Nevado del Ruiz, Colombia

Profi gwybodaeth 37

Crynhowch y ffactorau sy'n egluro pam oedd Nevado del Ruiz yn un o'r peryglon folcanig mwyaf dinistriol.

Cyngor i'r arholiad

Cofiwch ddefnyddio astudiaethau achos penodol sy'n berthnasol i'r cwestiwn – cofiwch osgoi disgrifiadau naratif.

Crynodeb

- Mae'n bosib dosbarthu llosgfynyddoedd yn ôl siâp, math o agorfa a math o echdoriad. Maen nhw'n cynnwys llosgfynyddoedd tarian, cyfansawdd, conau lludw, echdoriadau hollt, llosgfynyddoedd asid neu gromen a challorau. Gall echdoriadau amrywio o rai ffrwydrol i rai llifeiriol.
- Mae prosesau folcanig a'r peryglon sy'n gysylltiedig â nhw'n cynnwys llifau pyroclastig, llifau lafa, cwympiadau lludw, laharau, *jökulhlaups*, tirlithriadau a nwyon gwenwynig.
- Mae effeithiau demograffig, economaidd a chymdeithasol peryglon folcanig yn dibynnu ar

ffactorau ffisegol fel natur y digwyddiad folcanig, statws y llosgfynydd a ffactorau dynol fel dwysedd y boblogaeth, lefel datblygiad, rheolaeth a strategaethau lliniaru.
- Mae effeithiau amgylcheddol echdoriadau folcanig ffrwydrol yn effeithio'r tywydd a'r hinsawdd yn bennaf.
- Mae peryglon folcanig yn effeithio ar bobl ac eiddo ar raddfa fyd-eang, rhanbarthol a lleol.
- Bydd gofyn i chi ddysgu un [Uwch Gyfrannol] neu ddwy [Safon Uwch] enghraifft o echdoriadau i ddangos y graddau amrywiol o risg ac effeithiau gweithgaredd folcanig.

Daeargrynfeydd, prosesau, peryglon a'u heffeithiau

Nodweddion, terminoleg ac achosion daeargrynfeydd

Mae'r rhan fwyaf o ddaeargrynfeydd yn digwydd o ganlyniad i symudiad ar hyd holltau neu ffawtiau mewn creigiau. Mae'r **ffawtiau** hyn fel arfer o fewn cylchfa o ffawtiau. Mae'r cylchfaoedd ffawtiau hyn yn gallu amrywio o fetr o led i sawl cilometr.

Mae symudiad yn digwydd ar hyd plân ffawt (beth bynnag yw ei maint) o ganlyniad i straen gaiff ei greu gan symudiad o fewn cramen y ddaear. Fel arfer, dydy'r straen hwn ddim yn cael ei ryddhau yn raddol. Yr hyn sy'n digwydd fel arfer yw bod y straen yn cynyddu gymaint fel bod symudiad sydyn yn digwydd ar hyd y ffawt.

- Wrth i'r ffawt symud, mae'r siocdonnau sy'n cael eu cynhyrchu i'w teimlo fel daeargryn. Yr enw a roddir ar y broses hon yw **adlam elastig** (*elastic rebound*).
- Yr enw ar yr union bwynt ble mae'r toriad yw **canolbwynt**. Mae'r canolbwynt hwn yn gallu bod ar ddyfnder o un cilometr hyd at gymaint â 700 cilometr.
- Os caiff y straen ei ryddhau fesul cam bach ar y tro yna gall fod cyfres o ddaeargrynfeydd bychan.
- Ar y llaw arall os nad ydy'r straen yn cael ei ryddhau, yna mae posibilrwydd o ddaeargryn mawr iawn.

Yn aml, fel yn achos Christchurch yn Seland Newydd, mae nifer o'r ffawtiau hyn wedi eu claddu yn isel yn y ddaear, felly mae'n anodd rhagweld daeargrynfeydd pan nad oes gwybodaeth o'u bodolaeth.

Yn ystod daeargryn bydd seismomedrau yn mesur ysgwyd y ddaear drwy gofnodi cryniadau fertigol a llorweddol o fewn y ddaear.

Mae dadansoddiad o ddata sy'n cael ei gasglu gan y seismograffau yn dangos bod daeargrynfeydd yn cynhyrchu pedwar prif fath o don seismig. Mae Tabl 15 yn nodi nodweddion pob un o'r tonnau hyn.

Tabl 15 Gwahanol fathau o donnau seismig

Tonnau cynradd (*primary*) (P)	Dirgryniadau sy'n cael eu hachosi gan gywasgiad yw tonnau P. Maen nhw'n lledaenu allan o ffawt y daeargryn ar gyfradd o tua $8\,km\,s^{-1}$. Maen nhw'n teithio drwy graig solet (cramen y Ddaear) a hylif (cefnforoedd).
Tonnau eilaidd (*secondary*) (S)	Mae tonnau S yn teithio ar tua hanner cyflymder tonnau P. Maen nhw'n dirgrynu ar ongl sgwâr i gyfeiriad y teithio. Mae tonnau S, sydd ddim yn gallu teithio drwy hylif, yn gyfrifol am lawer o ddifrod o ganlyniad i ddaeargrynfeydd.
Tonnau Rayleigh (R)	Mae tonnau R yn donnau sy'n symud ar yr wyneb. Mae gronynnau'n dilyn llwybr eliptig i'r cyfeiriad mae'n lledaenu, ac yn rhannol mewn plân fertigol – fel dŵr yn symud mewn ton.
Tonnau Love (L)	Mae tonnau L yn debyg i donnau R ond maen nhw'n symud yn gyflymach ac yn dirgrynu yn y plân llorweddol yn unig. Nhw sy'n achosi'r difrod mwyaf yn aml, gan nad ydy adeiladau cerrig sydd heb eu hatgyfnerthu yn gallu gwrthsefyll y symudiadau llorweddol cyflym.

Mae pa mor ddifrifol yw daeargryn yn ddibynnol ar osgled (*amplitude*) ac amlder y tonnau hyn. Mae tonnau S a L yn fwy distrywiol na thonnau P gan fod iddyn nhw osgled a grym mwy. Felly, mewn daeargryn gall wyneb y ddaear gael ei symud yn llorweddol, yn fertigol neu'n lletraws. Mae hyn oll yn ddibynnol ar weithgaredd y tonnau a'r amodau daearegol y mae'r tonnau yn teithio drwyddyn nhw.

Mae'r cyfnod o amser rhwng pryd mae'r tonnau yn cyrraedd gwahanol orsafoedd seismogram yn cael ei ddefnyddio i leoli'r **uwchganolbwynt** (y pwynt ar wyneb y Ddaear sy'n union uwchben **canolbwynt** daeargryn o fewn y Ddaear).

Mae canolbwynt y daeargryn yn rhannu'n dri gwahanol ddosbarth. Mae hyn yn cael ei benderfynu gan **ddyfnder** y canolbwynt:

1 Canolbwynt dwfn 300 km–700 km
2 Canolbwynt canolig 70 km–300 km
3 Canolbwynt bas 0 km–70 km. Y rhain yw'r rhai mwyaf cyffredin (tua 75%). Y rhain hefyd sy'n creu'r difrod mwyaf.

Profi gwybodaeth 38

Beth yw'r gwahaniaeth rhwng uwchganolbwynt a chanolbwynt neu ffocws daeargryn?

Prosesau a pheryglon daeargryn

Peryglon cynradd

Symudiad y ddaear a'r ddaear yn ysgwyd

Tonnau seismig ar yr wyneb yw'r perygl mwyaf difrifol i bobl a'u gweithgareddau. Mae'r tonnau hyn yn gallu chwalu adeiladau, ffyrdd a phontydd a llawer mwy yn ogystal â lladd neu anafu pobl. Mae symudiad y ddaear yn torri pibellau tanddaearol a gwifrau trydan, gan arwain at danau a ffrwydradau. Mae torri'r pibellau nwy yn gallu bod yn arbennig o beryglus (e.e. daeargryn San Francisco yn 1906). Gyda phibellau dŵr wedi torri mae'n anodd diffodd y tanau hyn.

Yn agos i'r uwchganolbwynt, mae symudiad y ddaear yn sylweddol gan fod patrwm plethedig o donnau P a S. Mewn egwyddor, dylai'r difrod mwyaf ddigwydd yn yr uwchganolbwynt. Mae deunyddiau sydd ar yr wyneb yn ymateb mewn gwahanol ffyrdd i'r tonnau arwyneb hyn. Mae gwaddodion anghyfnerthedig yn cael eu heffeithio fwyaf gan eu bod yn cynyddu'r ysgwyd. Mae hyn yn arwain at ddifrod gwahaniaethol i adeiladau ac isadeiledd, ar sail y pellter o'r uwchganolbwynt. Mae hefyd yn ddibynnol ar y deunyddiau ar yr wyneb (amodau daearegol lleol). Mae tirwedd serth, fel sy'n gyffredin yn San Francisco, hefyd yn cynyddu grym y 'tonnau'.

Roedd y difrod gwahaniaethol hwn yn amlwg yn ystod daeargryn Loma Prieta (MM 7.1 ar Raddfa Mercalli yn 1989). Roedd mwy na 98% o'r colledion economaidd o ganlyniad i ysgwyd y ddaear, a 41 o'r 67 o farwolaethau o ganlyniad i'r ysgwyd hwn yn achosi i ran o draffordd Nimitz yn Oakland ddymchwel gan ei bod wedi'i hadeiladu ar seiliau oedd wedi'u gosod mewn llaid meddal.

Mae'r dywediad 'adeiladau sy'n lladd, nid daeargrynfeydd' yn arbennig o wir. Mae'r dulliau sy'n cael eu defnyddio i godi adeiladau a phontydd yn allweddol bwysig. Adeiladau sydd wedi'u hadeiladu'n ddiofal a heb eu hatgyfnerthu ac sydd â thoeon teils trwm, ydy'r adeiladau mwyaf peryglus. Yn ystod daeargryn 1988 yn Armenia (cofnodwyd MM 6.9 ar Raddfa Mercalli) lladdwyd 25,000 o bobl, anafwyd 31,000 a chafodd hanner miliwn o bobl eu gwneud yn ddigartref o fewn radiws o 50 km o'r uwchganolbwynt. Roedd effaith pellter o'r uwchganolbwynt yn amlwg gyda 88% o'r adeiladau cerrig hŷn yn cael eu dinistrio yn Spitak oedd 5 km yn unig o'r uwchganolbwynt. Dinistriwyd 38% yn Leninakan oedd yn 35 km o'r uwchganolbwynt.

Fodd bynnag, yn Leninakan, cafodd 95% o'r adeiladau Sofietaidd mwy modern 9–12 llawr ffrâm goncrit eu dinistrio (seiliau meddal a dim mesurau i wrthsefyll daeargryn). Yn ystod y daeargryn yn Sichuan (MM 7.9) yn 2008, cafodd nifer fawr o adeiladau ysgol a adeiladwyd o goncrit eu dinistrio'n llwyr, gydag adeiladau eraill braidd wedi eu heffeithio. O ganlyniad i bolisi un plentyn yn China, collodd nifer o deuluoedd eu hunig blentyn.

Mae **hyd y cyfnod ysgwyd** hefyd yn bwysig – mae cyfnodau hirach o ysgwyd yn creu mwy o ddifrod.

Peryglon eilaidd

Hylifiad

Mae hylifiad (*liquefaction*) yn berygl eilaidd pwysig sy'n gysylltiedig â gwaddodion rhydd. Gall deunydd sy'n ddirlawn golli ei nerth ac ymddwyn fel hylif. Bydd dirgryniadau nerthol yn ysgwyd y ddaear ac yn cynyddu gwasgedd y dŵr o fewn y mandyllau. Tywod rhydd a silt sy'n agos i'r wyneb (llai na 10 m o ddyfnder) sy'n cael eu heffeithio fwyaf os ydyn nhw'n llawn o ddŵr.

Yn ystod daeargrynfeydd Christchurch, Seland Newydd (2010), Dinas México (1985) a Valdez, Alaska (1964) roedd hylifiad wedi arwain at ddinistrio adeiladau ac isadeiledd mewn patrwm braidd ar hap.

Tirlithriadau, cwympiadau creigiau ac eira

Mae ysgwyd difrifol o fewn y ddaear yn arwain at lethrau yn gwanhau a methu. Mae tirlithriadau a chwympiadau creigiau ac eira (eirlithriadau) yn gallu cyfrannu'n sylweddol i ganlyniadau'r daeargryn. Mae hyn yn arbennig o wir mewn ardaloedd mynyddig fel yr Himalaya. Mae'r tirlithradau hyn yn gallu amharu hefyd ar y gallu i helpu pobl yn dilyn y daeargryn, e.e. daeargryn Kashmir yn 2005 a daeargryn Nepal Gorkha yn 2015. Amcangyfrifir bod tirlithriadau'n gallu dyblu nifer y marwolaethau o ganlyniad i ddaeargryn. Mae hyn yn arbennig o wir am ddaeargrynfeydd nerthol sy'n effeithio ardaloedd eang iawn.

Mae'r risg o dirlithriad yn dilyn daeargryn yn amrywio yn ôl ffactorau fel tirwedd, glawiad, pridd a defnydd tir (wedi eu coedwigo ai peidio). Arweiniodd daeargryn yn 1970 at gwymp creigiau i dorri'n rhydd o Fynydd Huascaran ym Mheriw. Aeth llif nerthol o laid a chlogfeini i lawr dyffryn Santa, gan ffurfio ton 50 m o uchder oedd yn teithio ar gyflymder o tua 70–100 ms^{-1} ar gyfartaledd. Cafodd trefi Yungay a Ranatirca eu claddu dan falurion 10 m o drwch. Lladdwyd 18,000 o bobl mewn pedair munud. Mae llifogydd hefyd yn gallu digwydd o ganlyniad i dirlithriadau, e.e. Sichuan. Yma, fe wnaeth cyfres o dirlithriadau arwain at ffurfio nifer o lynnoedd dros dro. Cafodd y llynnoedd hyn eu chwalu yn nes ymlaen gan achosi fflach lifogydd. Yn ddiweddar, fe wnaeth ôl-gryniadau yn yr Eidal achosi cwympiadau eira yn dilyn cyfnod o eira trwm.

Tsunami

Tsunami yw'r perygl eilaidd mwyaf distrywiol posibl yn dilyn daeargryn. Caiff y mwyafrif eu hachosi ar ymylon plât tansugno-cydgyfeiriol, gyda 90% o'r rhai mwyaf distrywiol yn digwydd yn y Cefnfor Tawel (dyna pam y sefydlwyd system rybuddio ar gyfer y Cefnfor Tawel). Yr eithriad i hyn oedd y *tsunami* ddigwyddodd ar ddydd Gŵyl San Steffan yng Nghefnfor India yn 2004. Yr ardal fwyaf gweithgar fel tarddiad *tsunamis* yw ynysoedd Japan – Taiwan (tarddiad dros 25% o'r *tsunamis*).

Mae *tsunami* yn ffurfio o ganlyniad i rwyg sy'n digwydd o dan y cefnfor neu mewn ardal arfordirol gyfagos. I ffurfio *tsunami* nid yw canolbwynt y daeargryn yn ddwfn yng nghramen y Ddaear. Mae angen i'r daeargryn fod yn ddigon nerthol (6+) er mwyn creu symudiad fertigol digonol. Bydd cyfres o donnau cefnforol yn 'lledaenu allan' o ganolbwynt y daeargryn tua'r tir. Wedi cyrraedd y tir bydd y *tsunami* yn cludo malurion o'i flaen.

Yn 1978, crewyd graddfa ddisgrifiadol gan Soloviev oedd yn mesur arddwysedd (*intensity*) *tsunami*. Roedd y raddfa hon wedi'i seilio ar ddisgrifio uchder tonnau'r *tsunami*.

Dros y 100 mlynedd diwethaf, mae dros 2,000 o *tsunamis* wedi lladd dros 500,000 o bobl. Collodd dros 50% o'r cyfanswm hwn eu bywydau yn ystod y *tsunami* a darodd arfordiroedd Cefnfor India ar ddydd Gŵyl San Steffan yn 2004.

Mae nifer o ffactorau ffisegol yn dylanwadu ar faint y dinistr. Mae'r ffactorau hyn yn cynnwys egni'r tonnau sy'n ddibynnol ar ddyfnder y dŵr, proses heigio (*shoaling*), siâp y morlin, tirwedd y tir a phresenoldeb neu absenoldeb amddiffynfeydd naturiol fel riffiau cwrel neu gorstiroedd mangrof. Mae'r ffactorau dynol sy'n dylanwadu ar faint y dinistr yn cynnwys proffil y boblogaeth, i ba raddau mae'r arfordir wedi'i ddatblygu, pa mor glos a chyfeillgar yw'r gymdeithas, profiadau pobl o berygl *tsunami* a phresenoldeb neu absenoldeb systemau rhybuddio a chynlluniau i symud pobl o'r ardaloedd sydd mewn perygl.

Profi gwybodaeth 40

Eglurwch pam mai rhai mathau o ddaeargrynfeydd yn unig sy'n achosi *tsunami*.

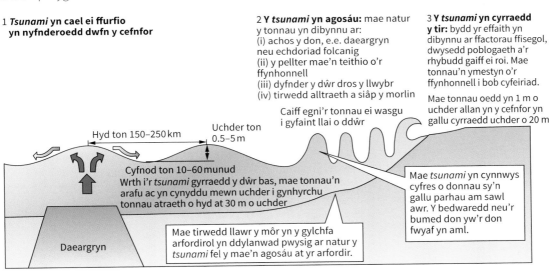

1 *Tsunami* yn cael ei ffurfio yn nyfnderoedd dwfn y cefnfor

2 Y *tsunami* yn agosáu: mae natur y tonnau yn dibynnu ar:
(i) achos y don, e.e. daeargryn neu echdoriad folcanig
(ii) y pellter mae'n teithio o'r ffynhonnell
(iii) dyfnder y dŵr dros y llwybr
(iv) tirwedd alltraeth a siâp y morlin

3 Y *tsunami* yn cyrraedd y tir: bydd yr effaith yn dibynnu ar ffactorau ffisegol, dwysedd poblogaeth a'r rhybudd gaiff ei roi. Mae tonnau'n ymestyn o'r ffynhonnell i bob cyfeiriad.

Mae tonnau oedd yn 1 m o uchder allan yn y cefnfor yn gallu cyrraedd uchder o 20 m

Hyd ton 150–250 km

Uchder ton 0.5–5 m

Caiff egni'r tonnau ei wasgu i gyfaint llai o ddŵr

Cyfnod ton 10–60 munud
Wrth i'r *tsunami* gyrraedd y dŵr bas, mae tonnau'n arafu ac yn cynyddu mewn uchder i gynhyrchu tonnau atraeth o hyd at 30 m o uchder

Daeargryn

Mae tirwedd llawr y môr yn y gylchfa arfordirol yn ddylanwad pwysig ar natur y *tsunami* fel y mae'n agosáu at yr arfordir.

Mae *tsunami* yn cynnwys cyfres o donnau sy'n gallu parhau am sawl awr. Y bedwaredd neu'r bumed don yw'r don fwyaf yn aml.

Ffigur 39 Ffurfiant ac arweddion *tsunami*

Effeithiau demograffig, economaidd a chymdeithasol daeargrynfeydd ar bobl a'r amgylchedd adeiledig

Mae nifer o wahaniaethau rhwng effeithiau llosgfynyddoedd a daeargrynfeydd a'r *tsunamis* sy'n gysylltiedig â nhw. O'i gymharu â llosgfynyddoedd, mae daeargrynfeydd yn gallu bod yn fwy marwol a'u heffeithiau'n fwy dethol yn nhermau difrod i adeiladau a nifer y marwolaethau.

Mae effeithiau **cynradd** daeargryn yn edrych ar beth yw'r effeithiau cychwynnol o ran difrod i adeiladau a cholli bywyd o ganlyniad i'r ysgwyd ynghyd â thanau. Bydd pobl hefyd yn colli eu bywydau o ganlyniad i adeiladau'n disgyn. Ar y strydoedd, mae craciau i'w gweld ar y ffyrdd ac mae pontydd yn dymchwel; mae pibellau nwy a dŵr yn cael eu distrywio; ac mae adeiladau concrit uchel sydd wedi'u hadeiladu'n wael yn chwalu neu'n plygu fel consertina. O fewn ychydig o funudau mae pobl wedi'u dal ac wedi'u hanafu o dan y rwbel ac mae eraill yn colli eu bywydau.

Effeithiau **eilaidd** yw'r rhai sy'n dod yn amlwg yn ystod y dyddiau, wythnosau a hyd yn oed misoedd yn dilyn y daeargryn. Mae hyn yn gallu cynnwys llygredd aer o ganlyniad i dân neu nwy yn llosgi. Perygl eilaidd difrifol arall yw prinder dŵr glân o ganlyniad i lygredd gan garthion sy'n gallu achosi afiechydon fel teiffoid neu golera. Ar ôl daeargryn 2010 yn Haiti, cofnodwyd 738,979 achos o golera, gyda 421,410 o bobl yn mynd i'r ysbyty a bron 10,000 yn marw. Canlyniad eilaidd arall yw bod rheilffyrdd a llinellau ffôn yn cael eu distrywio heb sôn am ddifrod i feysydd awyr. Bydd hyn yn ei dro yn amharu ar y gwasanaethau argyfwng a'r gallu i sicrhau cyflenwad o fwyd a nwyddau angenrheidiol (roedd hon yn broblem fawr yn dilyn daeargrynfeydd Haiti a Kashmir).

Mae sut mae pobl yn delio ag argyfwng a pha mor gyflym gallan nhw ailsefydlu eu hunain yn dibynnu ar ba mor gyfoethog ydy'r wlad. Mewn gwlad gyfoethog mae cynlluniau eisoes wedi'u trefnu ar gyfer pob cam yn y broses o reoli'r peryglon. Mae hyn i gyd yn seiliedig ar y gynhaliaeth ariannol sydd ar gael o fewn y wlad. Mewn gwledydd tlotach mae llai o adnoddau ar gyfer achub ac adfer, ac felly maen nhw'n dibynnu ar gymorth rhyngwladol.

Mae canlyniadau cymdeithasol ac economaidd i'r effeithiau eilaidd hyn. Caiff nifer o ffatrïoedd a swyddfeydd eu difrodi fel nad yw gwaith yn gallu ailddechrau am gyfnod. Bydd hyn hefyd yn gallu arwain at golli cyflog, methiant i greu'r cynhyrchion sydd eu hangen ar gwsmeriaid a'r gallu i allforio. Effeithiau eilaidd eraill yw'r cynnydd mewn afiechydon a newyn sy'n gallu arwain at anniddigrwydd cymdeithasol. Mae'n frwydr i gadw'n fyw a chynnal teulu mewn amodau o'r fath.

Mewn ardaloedd gwledig, caiff tir ffermio a chnydau eu heffeithio'n ddifrifol os bydd systemau draenio neu ddyfrhau yn cael eu torri, a rwbel yn gorchuddio caeau. Mae tirlithriadau yn gallu cau'r ffyrdd fel nad ydy ffermwyr yn gallu mynd â'u cynnyrch i'r farchnad. Ar y llaw arall, mewn ardaloedd trefol gall yr effeithiau fod yn fwy difrifol oherwydd nifer yr adeiladau aml lawr a'r isadeiledd cysylltiol. Os caiff adeiladau eu dinistrio'n llwyr, gan adael ardaloedd eang o dir diffaith, gall sbwriel sydd heb ei gasglu arwain at bla o lygod mawr a phryfed. Roedd effeithiau eilaidd eithriadol o ddifrifol yn dilyn daeargryn yn Tohoku, Japan yn 2010. Yn ystod y daeargryn hwn fe effeithiwyd yr ardal amgylchynol nid yn unig gan ddaeargryn ond gan *tsunami* yn ogystal ag ymbelydredd a ryddhawyd yn dilyn difrod i orsaf drydan niwclear.

Cyngor i'r arholiad

Mae'n bwysig iawn eich bod yn casglu'r wybodaeth ddiweddaraf sydd ar gael wrth astudio'r maes hwn. Yn ystod mis Ebrill 2016 bu daeargryn nerthol yn Ecuador ac un arall yn Japan. Byddai astudio'r ddwy enghraifft yma yn sail i waith ymchwil hynod berthnasol a diddorol.

Crynodeb

- Mae nodweddion daeargryn yn cynnwys y canolbwynt, yr uwchganolbwynt, y dyfnder a'r gwahanol fathau o donnau (sef tonnau P, S, R a L).
- Mae daeargrynfeydd yn ganlyniad i symudiad ar hyd **hollt** neu **ffawt** mewn creigiau. Maen nhw'n creu gwahanol fathau o beryglon, gan gynnwys y ddaear yn ysgwyd, hylifiad, *tsunamis*, tirlithriadau, a chwympiadau creigiau ac eira.
- Mae effeithiau demograffig, economaidd a chymdeithasol i ddaeargrynfeydd o ganlyniad i achosion cynradd ac eilaidd.

- Mae daeargrynfeydd yn effeithio ar bobl ac eiddo. Mae'r effeithiau hyn yn gallu bod ar raddfa fyd-eang, rhanbarthol a lleol.
- Bydd angen i chi ddewis un enghraifft o ddaeargryn (ar gyfer Uwch Gyfrannol) neu ddwy enghraifft o ddaeargryn (ar gyfer Safon Uwch). Bydd angen i chi allu dangos eich gwybodaeth a'ch dealltwriaeth o'r gwahanol raddau o risg ac effeithiau sydd i weithgaredd daeargryn.

Ffactorau dynol sy'n effeithio ar y risg a'r peryglon

Trychineb a pherygl

Trychineb yw perygl yn cael ei wireddu ac mae'n debygol o effeithio'n arwyddocaol ar boblogaeth sy'n agored i niwed. Mae'r termau 'perygl' a 'trychineb' yn aml yn cael eu defnyddio i ddisgrifio'r un peth, fel eu bod yn golygu'r un peth, ond mae gwahaniaethau mawr yn eu hystyron fel y mae model Degg yn ei ddangos (Ffigur 40).

Dim perygl na thrychineb

Digwyddiad geoffisegol peryglus: ffenomen ffisegol eithafol, e.e. llifogydd neu ddaeargryn

Dim rhyngweithiad rhwng systemau dynol a ffisegol

Poblogaeth sy'n agored i niwed: colli bywydau a/neu golledion economaidd

Nid yw gweithgaredd ddynol a phrosesau ffisegol yn rhyngweithio a does dim perygl na thrychineb

Dyma fyddai'r sefyllfa gydag echdoriad folcanig ar ynys anghysbell heb bobl yn byw yno neu dirlithriad mewn ardal heb anheddau

Trychineb

Rhyngweithiad rhwng systemau dynol a ffisegol

Digwyddiad geoffisegol peryglus — Trychineb — Poblogaeth sy'n agored i niwed

Prosesau geoffisegol peryglus a gweithgaredd dynol yn dod yn nes at ei gilydd, gan arwain at drychineb

Y mwyaf difrifol yw'r digwyddiad geoffisegol a/neu y mwyaf agored i niwed yw'r boblogaeth ddynol, y mwyaf y mae'r ddau'n gorgyffwrdd a'r mwyaf yw'r drychineb

Ffigur 40 Model Degg

Risg

Mae **risg** yn cael ei ddiffinio fel 'y tebygolrwydd y bydd perygl yn digwydd ac y bydd hyn yn arwain at golli bywyd a cholli bywoliaeth'. Synnwyr cyffredin fyddai i bobl osgoi ardaloedd sy'n agored i beryglon ond mae nifer o resymau sy'n golygu nad yw pobl yn osgoi'r peryglon hyn, gan gynnwys:

- risg sy'n amhosibl ei ragweld – efallai nad oes digwyddiad arall wedi bod o fewn cof y bobl leol
- y risg yn newid dros gyfnod o amser (e.e. y canfyddiad fod llosgfynydd yn 'farw')
- prinder llefydd eraill i fyw – yn arbennig felly i'r bobl dlawd
- asesiad bod budd economaidd a'r manteision yn gorbwyso'r anfanteision, e.e. ardal o briddoedd folcanig ffrwythlon neu ardal sydd â photensial i ddatblygu'r diwydiant twristiaeth
- canfyddiad optimistaidd o'r peryglon, e.e. gall technoleg ddelio â'r perygl, neu bydd dim byd yn digwydd i fi

Mae'r risg yn amodol ar yr hyn mae pobl yn ei wneud, er enghraifft, roedd canlyniadau gwahanol iawn i ddau ddaeargryn oedd yn debyg iawn o ran grym, sef Loma Prieta yn California a Bam yn Iran. Roedd y boblogaeth yn Bam (fel gwlad sy'n datblygu) yn wynebu llawer mwy o risg ac roedden nhw'n fwy **agored i niwed**.

Profi gwybodaeth 41

Dewiswch dair enghraifft o ddigwyddiadau tectonig lle mae pobl wedi gwaethygu graddfa'r drychineb trwy roi eu hunain mewn perygl.

Bod yn agored i niwed

Mae bod yn agored i niwed yn golygu bod risg sylweddol o orfod wynebu perygl. Mae hyn hefyd yn golygu bod y boblogaeth yn methu delio â'r perygl hwnnw. Yr hyn sy'n cael ei fesur yw pa mor abl yw'r boblogaeth i wrthsefyll a delio â'r digwyddiad peryglus. Mae hyn i gyd yn ddibynnol ar **wydnwch** unigolion a chymunedau, dibynadwyedd systemau rheoli ac ansawdd y llywodraethiant sydd mewn bodolaeth.

Mae rhai ffactorau sy'n amlygu'r perygl o fod yn agored i niwed:

Yr hafaliad risg

Mae hafaliad risg yn mesur lefel y risg ar gyfer ardal benodol:

$$risg = \frac{\text{amlder a/neu faint perygl} \times \text{lefel 'agored i niwed'}}{\text{gallu poblogaeth i ddelio â'r sefyllfa (h.y. lefel gwydnwch)}}$$

Mae nodweddion ffisegol **cynhenid** (*intrinsic*) yn sail i fesur y peryglon sy'n tarddu o ddigwyddiad ond mae nodweddion **anghynhenid** (*extrinsic*) fel nodweddion lleol a pha mor agored i niwed yw'r boblogaeth leol hefyd yn ffactorau pwysig.

Mae model PAR (Ffigur 41) yn helpu i egluro'r amrywiad yn lefelau 'agored i niwed' a gwydnwch lle neu ardal benodol. Dyma sy'n helpu i egluro'r gwahaniaethau yn effeithiau cymdeithasol ac economaidd digwyddiadau peryglus lle mae'r amodau ffisegol yn debyg i'w gilydd (gweler Tabl 16).

Mae model PAR yn dangos bod rhai ffactorau sy'n achosi trychineb (achosion sylfaenol) yn gallu arwain at amodau sy'n creu amgylchiadau anniogel. Mae'r model yn ceisio mesur beth yw'r achosion sy'n golygu bod pobl yn 'agored i niwed'. Mae'r bobl sydd fwyaf 'agored i niwed' yn tueddu i sefydlu yn yr ardaloedd mwyaf peryglus (o ganlyniad i gamfaethiad cronig, afiechydon, gwrthdaro milwrol, llywodraethau di-drefn ac aneffeithiol yn ogystal â diffyg addysg). Mae'r hafaliad risg yn cynyddu wrth i'r lefelau 'agored i niwed' gynyddu a'r lefelau gwydnwch ostwng.

Profi gwybodaeth 42

Eglurwch sut y gall datblygiad anghynaladwy arwain at gynnydd yn yr hafaliad risg.

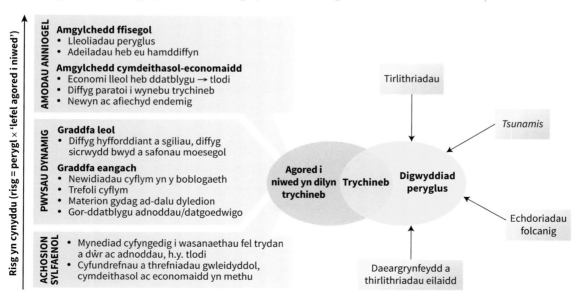

Ffigur 41 Model PAR (*Pressure and Release*)

Tabl 16 Gwahaniaethau rhwng effeithiau cymdeithasol ac economaidd digwyddiad peryglus sy'n debyg o ran maint ond yn wahanol o ran effaith

		Maint	Marwolaethau	Difrod ($UDA mewn miliynau)
1992	Erzican, Twrci	6.8	540	3,000
1999	Izmit, Twrci	7.4	17,225	12,000
1989	Loma Prieta, UDA	7.1	68	10,000
1994	Northridge, UDA	6.8	61	44,000

Ffactorau sy'n dylanwadu ar ba mor agored i niwed yw'r boblogaeth yn dilyn trychineb

Ffactorau economaidd

Mae'r ffactorau sy'n dylanwadu ar ba mor agored i niwed yw'r boblogaeth yn gysylltiedig â lefelau tlodi gwirioneddol a'r bwlch economaidd sydd rhwng y cyfoethog a'r tlawd (anghydraddoldeb). Gall tlodi waethygu effaith trychinebau (e.e. Haiti a Kashmir). Mae prinder arian yn y gwledydd tlotaf a'r lleiaf datblygedig (Gwledydd Lleiaf Datblygedig – GLlD) yn ei gwneud hi'n anodd buddsoddi mewn addysg, gwasanaethau cymdeithasol, isadeiledd sylfaenol a thechnoleg, sef ffactorau sy'n helpu cymunedau i oresgyn trychineb. Ceir diffyg isadeiledd effeithiol mewn gwledydd tlawd. Gall twf economaidd gynyddu asedau economaidd a thrwy hynny gynyddu'r risg os nad oes rheolaeth effeithiol. Ond, gall gwledydd datblygedig fuddsoddi mewn technoleg ar gyfer lleihau effeithiau'r trychineb, a chynnig cymorth yn dilyn trychineb.

Ffactorau technolegol

Gall ffactorau fel addysg dda a pharatoadau ymlaen llaw i ddelio â thrychineb leihau effeithiau'r trychineb yn y pen draw. Gall ffactorau technegol hefyd chwarae rhan bwysig wrth leihau effeithiau trychineb, yn cynnwys sut mae adeiladau'n cael eu cynllunio a'u hadeiladu a mesurau eraill i leihau'r effeithiau fel rhagweld a monitro'r peryglon o flaen llaw (gweler tud. 89–92).

Ffactorau cymdeithasol

Mae poblogaeth y byd yn cynyddu. Gwelir hyn yn amlwg mewn gwledydd sy'n datblygu, lle mae lefelau uwch o drefoli a lle mae'r boblogaeth wedi'i chlystyru a hynny mewn lleoliadau sy'n gallu bod yn ansefydlog yn wleidyddol. Mae dwysedd y boblogaeth yn y lleoliadau hyn yn ogystal â phroffil y boblogaeth honno o ran oedran, rhywedd a lefelau addysg hefyd yn bwysig. Mewn gwlad fel China (e.e. Sichuan), lle mae cynnydd wedi bod mewn poblogaeth sy'n heneiddio, mae'r gallu i symud pobl o'r ardal yn dilyn trychineb yn llawer anoddach. Mae'r math o adeilad a'r safonau adeiladu'n effeithio'n fawr ar nifer y rhai sy'n cael eu hanafu a'r rhai sy'n colli'u bywydau. Yn gyffredinol, mae pobl sydd dan anfantais ariannol yn fwy tebygol o farw, dioddef anafiadau a thrawma seicolegol gan eu bod yn byw mewn cartrefi sydd ddim yn gallu gwrthsefyll daeargryn.

Yn ystod daeargrynfeydd Sichuan a Kashmir, collodd nifer o blant a phobl ifanc eu bywydau oherwydd adeiladau ysgolion oedd o wneuthuriad gwael.

Ffactorau gwleidyddol

Gall diffyg llywodraeth ganolog gref arwain at ddiffyg trefniadau effeithiol. Mae diffyg sefydliadau ariannol hefyd yn rhwystro cynlluniau i leihau effeithiau'r trychineb ac i allu ymateb ar frys yn dilyn trychineb. Gall llywodraeth ganolog gref olygu cynlluniau achub effeithiol (daeargryn China). Mae Haiti yn enghraifft o wlad sydd wedi dioddef o effaith llywodraethiant gwael dros nifer o flynyddoedd.

Ffactorau daearyddol

Gall ffactorau daearyddol, fel lleoliad (gwledig, trefol neu arfordirol), pa mor hygyrch neu anhygyrch yw'r ardal, a'r amser o'r dydd fod yn ffactorau pwysig iawn.

- Mae cynnydd mewn trefoli, yn arbennig felly mewn dinasoedd mawr iawn sydd â nifer o bobl yn byw mewn aneddiadau sgwatwyr ar safleoedd gwael yn ychwanegu at y risg. Mae'r dinasoedd enfawr yma yn fwy tebygol o weld tanau yn dilyn daeargryn (e.e. Kobe).
- Gall distrywio ardal wledig arwain at drychineb ymhlith poblogaeth wledig o ganlyniad i golli cyflenwad bwyd a bywoliaeth (daeargryn Nepal Gorkha yn 2015).
- Mae'r dasg o achub bywyd, rhoi cymorth ac adfer y gymdogaeth yn anodd mewn rhai ardaloedd (Kashmir – ardal anghysbell, hinsawdd oer a safle ffiniol yn cymhlethu'r ymdrechion).
- Gall y ffactorau daearyddol wneud rhai ardaloedd yn agored i beryglon eraill yn ychwanegol at ddaeargrynfeydd, *tsunamis* neu weithgaredd folcanig gan wneud y sefyllfa'n waeth. Mae'r rhain yn cael eu galw'n lleoliadau aml-berygl.
- Mae pryd mae'r daeargryn cyntaf a'r ôl-gryniadau yn taro yn cael dylanwad mawr ar yr effeithiau cymdeithasol gan gynnwys nifer y marwolaethau (e.e. Christchurch 2010–11 a'r Eidal 2016–17).

Profi gwybodaeth 43

Diffiniwch y term 'lleoliad aml-berygl'.

Crynodeb

- Mae ffactorau economaidd, sy'n effeithio ar lefelau risg a pha mor 'agored i niwed' yw'r gymdeithas, yn cynnwys lefelau datblygiad a thechnoleg yn ogystal â lefelau anghydraddoldeb a thlodi o fewn y gymdeithas honno.
- Mae ffactorau cymdeithasol yn cynnwys dwysedd a phroffil (oed a rhywedd) y boblogaeth, cyflwr y cartrefi, safon yr adeiladu a lefelau addysg.

- Mae ffactorau gwleidyddol yn cynnwys pa mor effeithiol yw'r llywodraeth yn lleol a'r llywodraeth ganolog.
- Y ffactorau daearyddol sy'n dylanwadu ar hyn yw'r lleoliad – gwledig neu drefol, yr amser o'r dydd y mae'r digwyddiad yn taro a pha mor anghysbell neu hygyrch yw'r lleoliad hwnnw.

■ Ymateb i beryglon tectonig

Mae **monitro**, **rhagfynegi** a **rhybuddio** am beryglon tectonig yn enghreifftiau o sut i addasu'r lefel 'agored i niwed' – gan gynnwys pa mor barod yw'r boblogaeth ar gyfer y peryglon a pha gynlluniau sydd ar gyfer y defnydd mwyaf addas o'r tir.

O ragweld perygl, mae'n bosib:

- cael mwy o amser i rybuddio pobl i symud i ardaloedd eraill
- paratoi ar gyfer y digwyddiad peryglus
- rheoli effeithiau a chanlyniadau'r perygl yn fwy effeithiol
- cael cymorth i gwmnïau yswiriant i asesu risg
- cynnig canllaw i'r llywodraeth wrth benderfynu ar flaenoriaethau o ran dosbarthu cymorth a chyllid
- cynnig gwybodaeth i'r rhai sy'n gwneud penderfyniadau i wneud cyfrifiadau cost-budd, e.e. codi adeiladau i wrthsefyll daeargrynfeydd.

Pryd?
- **Pa mor aml mae'r perygl yn digwydd?** Risg o niwed hir dymor gyda'r perygl yn digwydd yn aml
- **Digwyddiad tymhorol** – gall fod patrymau tymhorol i beryglon hinsoddal a geomorffig, e.e. corwyntoedd Cefnfor Iwerydd rhwng mis Mehefin a mis Tachwedd – Corwynt Irma ym mis Medi 2017
- **Amseru** – y mwyaf anodd i'w rhagfynegi, yn y tymor hir (e.e. stormydd gaeafol) a'r tymor byr (e.e. pryd y bydd corwynt yn taro)

Ble?
- **Graddfa ranbarthol** – hawdd i'w rhagfynegi, e.e. ffiniau rhwng platiau, 'llwybr tornado' a chylchfaoedd sychder
- **Graddfa leol** – Anoddoch i'w rhagfynegi, heblaw am beryglon mewn lle pendant, e.e. llifogydd, llosgfynyddoedd, erydiad arfordirol
- **Peryglon symudol** – eithriadol o anodd i'w rhagweld, e.e. tracio corwyntoedd

Beth?
- **Math o berygl** – gall nifer o ardaloedd gael eu heffeithio gan fwy nag un perygl; pwrpas rhagolygon yw rhagfynegi pa fath o berygl sy'n gallu digwydd
- **Maint y perygl** – yn bwysig i ragweld yr effeithiau a rheoli sut i ymateb
- **Effeithiau cynradd neu eilaidd** – mae gan rai peryglon effeithiau 'lluosog'; gall daeargryn achosi hylifiad, gall echdoriad folcanig achosi laharau (lleidlif ar ochr llosgfynydd)

Pam?
- **Lleihau marwolaethau** – drwy ragweld mae'n bosib cynllunio o flaen llaw a lleihau'r marwolaethau
- **Lleihau difrod** – drwy roi amser i baratoi o flaen llaw
- **Gwella rheolaeth** – drwy ganiatáu amser i reolwyr benderfynu beth yw cost a budd gwahanol ffyrdd o ddelio â'r perygl
- **Gwella dealltwriaeth** – drwy greu a phrofi modelau o'r hyn a allai ddigwydd a'u cymharu â'r hyn sy'n digwydd
- **Caniatáu amser i weithredu cynlluniau ar gyfer bod yn barod erbyn y digwyddiad** – unigolion, llywodraeth leol ac asiantaethau cenedlaethol

Rhagfynegi perygl

Pwy?
- **Dweud wrth bawb?** – penderfyniad teg, ond risg o or-rybuddio, creu amheuaeth a phanig
- **Dweud wrth rai?** – er enghraifft, y gwsanaethau brys, ond risg o ledu sibrydion a chreu ansicrwydd
- **Dweud wrth neb?** – defnyddiol i brofi rhagfynegiad, ond anodd ei gyfiawnhau

Sut?
- **Cofnodion y gorffennol** – galluogi amcangyfrif pryd y bydd digwyddiad arall tebyg
- **Monitro (ffisegol)** – offer monitro ar y ddaear, neu offer synhwyro o bell ar gyfer peryglon hinsoddal a llosgfynyddoedd
- **Monitro (dynol)** – ffactorau sy'n gallu cynyddu'r lefel 'agored i niwed' (e.e. incwm, cyfraddau cyfnewid, diweithdra); effeithiau dynol (e.e. datgoedwigo)

Ffigur 42 Pwysigrwydd rhagfynegi perygl

Daeargrynfeydd: monitro, rhagfynegi a rhybuddio

Byddai rhagfynegi daeargryn yn caniatáu i bobl symud o ardal y perygl cyn y digwyddiad. Yn anffodus, nid yw hyn yn bosib nac yn realistig.

Gellir adnabod rhanbarthau risg uchel ar raddfa fyd-eang. Ar raddfa **ranbarthol** wedyn, gellir defnyddio data yn ymwneud â maint ac amlder daeargrynfeydd blaenorol. O wneud hyn mae'n bosibl nodi ardaloedd o risg a rhagfynegi'r **tebygolrwydd** o ddaeargryn yn digwydd, ond nid union amseriad y daeargryn. Mae daeargryn yn digwydd o ganlyniad i ryddhau straen sy'n adeiladu i fyny o fewn creigiau'r gramen. Mae'r ardaloedd sydd wedi bod 'dan straen' am gryn amser yn debygol o symud yn y dyfodol. Mae seismolegwyr yn California wedi paratoi mapiau sy'n rhagfynegi'r tebygolrwydd o ddaeargryn ar gyfer prif linellau ffawt fel San Andreas. Mae'r mapiau yn seiliedig ar '**theori bwlch**' (*gap theory*).

Ar raddfa leol, mae ymdrechion i ragfynegi daeargrynfeydd ychydig o oriau cyn y digwyddiad yn seiliedig ar ddyddiaduron y rhai sydd wedi byw drwy ddaeargryn (hanesion byw) a'r canlyniadau sy'n cael eu cofnodi ar yr offer monitro. Mae'r rhain yn cynnwys newidiadau mewn lefelau dŵr daear, rhyddhau nwy radon, neu hyd yn oed ymddygiad anarferol anifeiliaid (dull a ddefnyddir yn aml yn China). Y farn yw bod y newidiadau hyn yn digwydd oherwydd bod y ddaear yn 'agor' a'r creigiau'n hollti yn union cyn daeargryn. Yn China, cafodd daeargryn 1975 yn Heichang ei ragweld yn llwyddiannus 5½awr cyn y digwyddiad, gan ganiatáu i 90,000 o bobl allu symud i ddiogelwch. Roedd y daeargryn yn Great Tangshen yn 1976 (daeargryn o fewn plât) yn hollol annisgwyl gan arwain at nifer fawr o farwolaethau.

Mae Ffigur 43 yn dangos yr amrywiaeth o ddulliau monitro allai gael eu defnyddio i archwilio'r prosesau daeargryn.

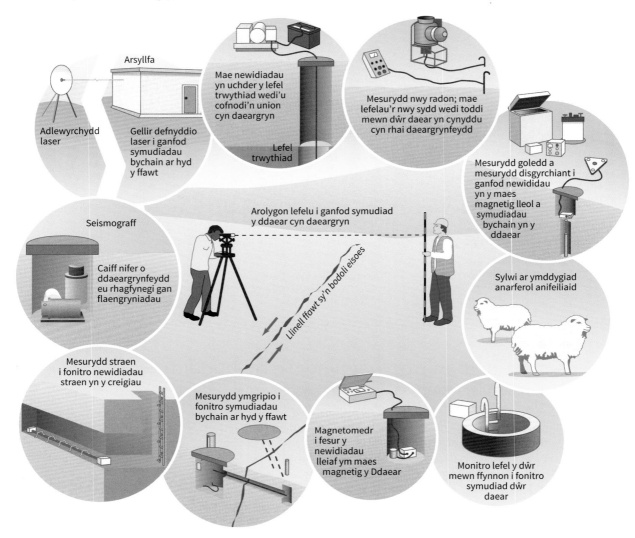

Ffigur 43 Dulliau monitro ar gyfer rhagfynegi daeargryn ar hyd llinell ffawt weithredol

Mae'n bosibl paratoi mapiau perygl daeargryn sy'n dangos beth yw'r perygl y bydd daeargryn yn digwydd ac sy'n rhagfynegi beth fyddai effeithiau tebygol daeargryn ar ardal benodol. Mae'r mapiau hyn yn seiliedig ar ffactorau fel y mathau o graig, faint fydd y ddaear yn ysgwyd, ongl y llethrau a'r perygl o hylifiad a thirlithriad. Mae System Gwybodaeth Ddaearyddol (*GIS*) yn cael ei defnyddio hefyd i fapio ffawtiau cudd.

Echdoriadau folcanig: monitro, rhagfynegi a rhybuddio

Gyda monitro da, mae'n bosibl rhybuddio am rai echdoriadau folcanig o flaen llaw. Bydd hyn yn ei gwneud yn fwy ymarferol i addysgu'r boblogaeth, paratoi'r gymuned a gwneud trefniadau ar gyfer symud pobl o'r ardal beryglus ar frys.

Cyn y rhan fwyaf o echdoriadau folcanig mae amrywiaeth o newidiadau amgylcheddol yn digwydd wrth i fagma godi i'r wyneb. Yn anffodus, mae'n anodd iawn rhagfynegi'r amser penodol y bydd yr echdoriad yn cyrraedd lefelau peryglus. Hefyd, does dim llawer o arwyddion cyn echdoriadau ffrwydrol iawn, ac mae rhagweld amseriad penodol yr echdoriadau hyn yn eithriadol o anodd.

1 Mae **daeargrynfeydd** ger llosgfynyddoedd yn gyffredin ac i ddiben rhagweld, mae'n bwysig mesur unrhyw gynnydd mewn gweithgaredd o'i gymharu â'r lefelau arferol. Gall hyn olygu dadansoddi data hanesyddol a data o seismomedrau symudol. Mae arwyddion yn cynnwys cynnydd mewn amlder daeargrynfeydd, sy'n cadarnhau fod creigiau lleol yn cael eu hollti wrth i wasgedd magnetig gynyddu. Weithiau, bydd offer mesur sŵn yn cael ei ddefnyddio er mwyn clywed unrhyw hollti neu symudiadau yn y ddaear.

2 Weithiau bydd **siâp y tir yn cael ei newid** cyn echdoriad ffrwydrol, er bod hyn yn anodd ei fesur ar gyfer llosgfynydd tansugno ffrwydrol. Caiff mesuryddion eu defnyddio i fesur newidiadau yn ongl y llethrau. Gall mesuryddion pellter electronig fesur y pellter rhwng pwyntiau penodol ar losgfynydd i nodi pryd mae'r magma'n codi ac yn achosi i wyneb y ddaear symud.

3 Mae **Systemau Lleoli Byd-eang** (*global positioning systems – GPS*) yn dibynnu ar loerennau sy'n cylchdroi o amgylch y Ddaear ddwywaith y dydd gan anfon gwybodaeth yn gyson er mwyn creu proffiliau. Gall derbynyddion GPS fesur y cynnydd mewn gwasgedd wrth i fagma godi tua'r wyneb.

4 Mae **newidiadau thermol** yn digwydd wrth i'r magma godi i'r wyneb a thrwy hynny gynyddu tymheredd wyneb y ddaear. Gall delweddu thermol gan loerennau ychwanegu at, a chadarnhau, cofnodion sydd wedi'u casglu ar y ddaear. Mae'r rhain yn cynnwys cynnydd mewn arllwysiad o darddell boeth, cynnydd mewn stêm o fygdyllau (*fumaroles*), cynnydd mewn tymheredd llyn crater neu blanhigion yn gwywo ar lethr folcanig.

5 Gellir mesur **newidiadau geo-gemegol** sy'n digwydd yng nghyfansoddiad nwyon sy'n dod allan o agorfa folcanig (cynnydd mewn SO_2 neu H_2S). Y dull arferol yw samplu nwyon sy'n dianc o agorfa ar yr wyneb, ond gellir defnyddio offer synhwyro o bell hefyd. Gall lloerennau fesur SO_2 sy'n cael ei saethu'n uchel i'r atmosffer. Mae lloerennau tywydd hefyd yn gallu monitro ymddygiad cwmwl folcanig.

6 Mae **laharau** wedi cael eu monitro gan bobl leol ers blynyddoedd, ond yn fwy diweddar, gall camerâu fideo fesur symudiadau'n awtomatig a chofnodi'r symudiadau hynny. Bydd seismomedrau'n mesur dirgryniadau'r ddaear wrth i'r lahar agosáu. Bydd amser wedyn i ragrybuddio'r boblogaeth leol a chyfle iddyn nhw symud i ardal fwy diogel.

Er nad oes system ragweld a rhybuddio hollol ddibynadwy, cafwyd rhywfaint o lwyddiant i gyfyngu ar y nifer o bobl sy'n colli eu bywydau. Er enghraifft, mae cynllun *Philvocs*, a ddatblygwyd yn Ynysoedd y Pilipinas er mwyn monitro'r llosgfynyddoedd mwyaf byw gerllaw'r ardaloedd mwyaf dwys eu poblogaeth, wedi profi i fod yn gynllun llwyddiannus.

Unwaith i losgfynydd echdorri, er enghraifft, ym Montserrat, caiff cylchfa o berygl ei dynodi. Unwaith i rybuddion clir am weithgaredd folcanig newydd gael eu derbyn, bydd y bobl yn cael eu symud o'r ardal. Caiff y gymuned ei pharatoi o flaen llaw a bydd bwyd a lloches dros dro yn cael eu darparu. Ond, mae'n anodd rhagweld faint o amser fydd gan bobl i symud ac weithiau mae'r rhybuddion yn rhai anghywir. Er enghraifft, ym Montserrat, cafodd 5000 o'r trigolion lleol eu symud dair gwaith rhwng mis Rhagfyr

1995 a mis Awst 1996. Yn ardal Bae Napoli, lleoliad llosgfynydd Vesuvius, mae 700,000 o bobl sy'n byw mewn dinasoedd mawr fel Napoli mewn perygl o gael eu heffeithio gan echdoriad folcanig. Mae arbenigwyr ar losgfynyddoedd a swyddogion amddiffyn sifil eisoes wedi paratoi cynllun gwagio brys ar gyfer yr ardal. Mae'n gynllun manwl sy'n cynnwys symud pobl i ddiogelwch ar longau ac ar hyd ffyrdd sydd wedi'u clustnodi. Mae mapiau perygl hefyd ar gyfer y lefelau risg gwahanol sy'n cynnwys tair gradd o risg, ar gyfer amrywiaeth o beryglon fel llif pyroclastig a lludw'n disgyn o'r awyr. Gall strategaethau gwagio ardal, o'u rheoli'n effeithiol, achub miloedd o fywydau.

Tsunami: rhagfynegi a rhybuddio

Creu cynlluniau ar gyfer lleihau'r lefel 'agored i niwed' yw'r prif ymateb i *tsunami*. Gall gwyddonwyr ragfynegi *tsunami* posibl drwy fonitro daeargrynfeydd, gyda'r bwriad o roi rhybuddion i bobl sy'n agored i niwed, fel eu bod yn gallu symud o'r ardal. Mae systemau rhagweld a rhybuddio ar gyfer *tsunami* wedi'u hen sefydlu yn y Cefnfor Tawel, ond gall rhybuddion di-sail arwain at bobl yn cymryd llai o sylw ynghyd â cholledion ariannol.

Systemau rhybuddio yn fyd-eang

Yn 1984 sefydlwyd System Rybuddio'r Cefnfor Tawel ar gyfer 24 gwlad gyda'r ganolfan reoli wedi'i lleoli ger Honolulu yn Hawaii. Mae pob daeargryn yn cael ei gofnodi gan orsafoedd seismig er mwyn gallu'i ddadansoddi i weld os oes perygl o *tsunami*. Y nod yw rhybuddio pob ardal sydd mewn perygl o fewn 1 awr. Mae'r amser sydd ei angen ar don i deithio ar draws y Cefnfor Tawel yn ddigonol i allu rhybuddio llongau ac i wagio ardaloedd arfordirol isel. Gan nad yw pob daeargryn yn arwain at *tsunami*, mae'n anodd penderfynu os oes angen rhybudd neu beidio. Os yw'r daeargryn yn fwy na 7.5 (MMS) rhoddir rhybudd i bob lleoliad o fewn 3 awr o 'amser teithio' tonnau'r *tsunami* i wagio'r arfordir, ac i ardaloedd 3–6 awr i ffwrdd i fod yn barod i wneud hynny.

Doedd System Rybuddio Cefnfor India ddim mewn lle ar gyfer *tsunami* Gŵyl San Steffan, ond mae un wedi ei sefydlu ers hynny yn Indonesia ac India.

Systemau rhybuddio yn rhanbarthol

Mae systemau rhybuddio ar raddfa ranbarthol yn anelu at ymateb i *tsunamis* sy'n cael eu hachosi'n lleol, sydd ag amser rhybuddio byr ac felly'n fygythiad mwy o lawer. Mae 90% o'r *tsunamis* yn digwydd o fewn 400 km i'r tarddiad. Gall hyn olygu fod llai na 30 munud rhwng *tsunami* yn cael ei ffurfio ac yn cyrraedd y tir.

Japan sydd â'r system fwyaf cynhwysfawr – y targed yw rhoi rhybudd o fewn 20 munud i **ddaeargryn fydd yn creu *tsunami*** yn digwydd o fewn 600 km i forlin Japan. Rhoddwyd rhybudd felly ar gyfer daeargryn Tohuku yn 2011, ond methu wnaeth y wal amddiffynnol a godwyd i ddal y *tsunami* yn ôl gan fod y tonnau cymaint â 40 m o uchder. Yn 1994 cafodd system newydd ei sefydlu er mwyn trosglwyddo'n gyflymach y wybodaeth ar uchder y tonnau a'r amser y byddan nhw'n cyrraedd y lan.

Mae tri phrif anhawster i'w gorchfygu wrth sefydlu system rybuddio. Yn gyntaf, gall y *tsunami* ddistrywio gwifrau trydan a chyfathrebu; yn ail, gall y cyfan ddigwydd yn rhy gyflym i roi rhybudd; ac yn drydydd, rhaid wrth lwybrau i alluogi pobl i ddianc o'r ardal yn gyflym ac yn drefnus ynghyd ag addysgu pawb sut i ymateb.

Lliniaru ac addasu peryglon tectonig

Mae K. Smith wedi creu fframwaith defnyddiol ar gyfer dosbarthu'r ymateb i beryglon tectonig. Mae'n eu rhannu i dri chategori:

1 addasu'r digwyddiad
2 addasu pa mor 'agored i niwed' yw'r boblogaeth
3 addasu'r golled

Addasu'r digwyddiad

Ychydig sy'n bosibl ei wneud i reoli'r rhan fwyaf o beryglon folcanig, ond mae rhywfaint o gynnydd wedi'i wneud gyda rheoli llif lafa. Cafodd dŵr y môr ei ddefnyddio'n llwyddiannus i oeri a chaledu llif lafa yn ystod echdoriad yn Eldafell, Gwlad yr Iâ, yn 1973. Rhwystrodd hyn y llif rhag cyrraedd harbwr Vestmannaeyjar. Cafodd ffrwydradau eu defnyddio â rhywfaint o lwyddiant hefyd ar Fynydd Etna, Sicilia, i greu atalfeydd artiffisial i ddargyfeirio llif lafa o bentrefi yn ystod echdoriadau yn 1983, 1991 a 2001.

Mae rhai camau wedi'u cymryd i addasu effaith peryglon *tsunami* drwy baratoi cynlluniau i wrthsefyll y perygl. Gall gwaith peirianyddol gynnig rhywfaint o amddiffyniad. Y duedd heddiw yw cael cyfuniad o amddiffynfeydd 'caled', sef waliau ar gyfer ardaloedd trefol gwerth uchel, ynghyd ag amddiffyniad mwy naturiol, fel riffiau cwrel a chorstiroedd mangrof ar gyfer ardaloedd gwledig.

Mae rheoli nodweddion ffisegol daeargryn, fel hyd y cyfnod ysgwyd, yn annhebygol o ddigwydd yn y dyfodol agos, ond mae modd rhwystro daeargrynfeydd o ganlyniad i weithgaredd dynol, fel adeiladu argae neu ffracio drwy wahardd datblygiad mewn ardaloedd sy'n agored i beryglon seismig.

Y prif ddull o addasu effeithiau daeargryn yw drwy **gynllunio adeiladau i wrthsefyll daeargryn** (adeiladau aseismig). Un o brif achosion marwolaethau, anafiadau a cholledion economaidd yw adeiladau yn dymchwel. Does dim perthynas glir rhwng oed adeiladau a difrod, ond mae effeithiau daeargrynfeydd diweddar wedi dangos bod adeiladau aseismig o safon uchel yn California a Japan yn perfformio'n dda, hyd yn oed mewn daeargrynfeydd mawr.

Ar hyn o bryd mae tri phrif fath o adeilad sy'n defnyddio technegau adeiladu aseismig costus. Mae'r rhain yn cynnwys adeiladau cyhoeddus pwysig, gwasanaethau allweddol fel ysbytai a chyfleustodau fel gorsafoedd pŵer. Gan amlaf, mae'n rhy gostus ar gyfer cartrefi. Mae hyn yn bwysig gan fod 70% o'r can dinas fwyaf yn y byd yn debygol o gael eu heffeithio gan ddaeargryn o faint sylweddol unwaith bob 50 mlynedd – dyna 12.5% o boblogaeth y byd.

Mae lefel datblygiad yr ardaloedd hyn yn chwarae rhan bwysig. Dim ond gwledydd economaidd ddatblygedig sy'n gallu fforddio **gorfodi** canllawiau adeiladu llym fydd yn gostwng nifer y marwolaethau. Gall fod canllawiau yn bodoli mewn gwledydd sy'n datblygu, ond oherwydd arweinwyr llwgr (*corrupt*), diffyg ewyllys gwleidyddol a diffyg arian, does dim gorfodaeth i'w dilyn. Dyna pam y gwnaeth cymaint o adeiladau ysgol ddymchwel yn ystod daeargryn Sichuan. Yn ddiweddar, mae adeiladau aseismig cost isel sy'n addas ar gyfer ardaloedd gwledig a threfol hefyd wedi'u dylunio. Maen nhw'n defnyddio deunyddiau lleol rhad, fel pren a phlethwaith a chlai, gan osgoi deunyddiau fel concrit a haearn rhychiog sy'n achosi marwolaethau ac anafiadau.

Mae dwy broblem gyda'r dull hwn sef (i) mae angen addasu nifer o adeiladau hŷn ar gyfer gwrthsefyll daeargryn, fel yn Christchurch, Seland Newydd, a (ii) yn aml mae difrod yn ganlyniad i nifer o achosion, nid yn unig ysgwyd.

Addasu pa mor 'agored i niwed' yw ardal

Mae mabwysiadu strategaethau eraill fel cynllunio defnydd tir neu addysgu'r bobl sut i ymateb yn rhan bwysig o liniaru ac addasu'r perygl. Nod cynlluniau o'r fath yw lleihau'r nifer sy'n colli eu bywydau a'r difrod i eiddo a gwasanaethau.

Mae **cynllunio defnydd tir** yn hanfodol i leihau effeithiau pob un o'r tri pherygl tectonig.

■ Mae mapiau perygl tectonig yn nodi'r mannau mwyaf peryglus. Dyma'r ardaloedd lle mae canllawiau adeiladu pwrpasol yn cael eu gweithredu. Caiff gwersi a ddysgwyd o **ddaeargrynfeydd mawr** eu hymgorffori wrth gynllunio adeiladau/isadeiledd newydd neu wrth addasu neu ailadeiladu.

■ Mae osgoi dwysedd poblogaeth uchel mewn aneddiadau trefol yn bwysig. Mae darparu tir agored cyhoeddus a chreu ardaloedd diogel i ffwrdd o danau a difrod ôl-gryniadau yn gamau pwysig hefyd. Rhaid ystyried lleoliad adeiladau cyhoeddus yn ofalus – dylen nhw gael eu lleoli mewn ardaloedd o risg isel i leihau'r siawns o golli gwasanaethau (mae hyn yn rhan o gynlluniau Tokyo).

■ Defnyddir mapiau perygl mewn ardaloedd o **berygl folcanig** (er ychydig sydd ar gael mewn gwledydd sy'n datblygu). Mewn ardaloedd fel Hawaii, mae peryglon llif lafa wedi'u mapio, a gellir eu defnyddio fel sail i gynllunio defnydd tir yn ddeallus, gan osgoi dyffrynnoedd lle bydd llif yn fwy tebygol o greu difrod.

■ Mewn ardaloedd sy'n **agored i *tsunamis***, gall ail-drefnu defnydd tir isel, arfordirol fod yn amddiffyniad gwych. Er enghraifft, yn Crescent City, California, yn dilyn difrod *tsunami* wedi daeargryn Alaska yn 1964, mae tir ar lan y dŵr wedi'i droi'n barciau cyhoeddus, ac mae busnesau wedi'u symud i dir uwch, ymhellach o'r arfordir.

Mae **paratoi o flaen llaw ac addysgu'r gymuned** yn ganolog i unrhyw raglen i leihau'r graddau mae pobl yn agored i niwed o ganlyniad i ddigwyddiad tectonig. Ceir rhagrybuddion yn aml cyn echdoriad folcanig er mwyn i bawb allu paratoi ar gyfer hynny. Mae'n hanfodol i addysgu'r bobl am arwyddion echdoriad, sut i adael yr ardal a sut i wrthsefyll y peryglon.

Mae parodrwydd cymuned yn golygu bod y cyhoedd yn barod i ymdopi, a'r gwasanaethau brys a'r llywodraeth yn barod i ymateb cyn y digwyddiad, yn ystod y digwyddiad ac wedi'r digwyddiad. Mae profiadau blaenorol o ymddygiad pobl yn ystod daeargrynfeydd wedi helpu i lunio argymhellion ar sut orau i ddelio â'r sefyllfa. Mae paratoi'r bobl drwy gynnal cyfres o sesiynau dril yn bwysig iawn.

Mae pwyslais cynyddol yn California ar ddefnyddio **technoleg glyfar** i rybuddio'r gwasanaethau brys.

Addasu'r golled

Mae **cymorth** ac **yswiriant** yn allweddol. Mae **yswiriant** ar gael yn bennaf mewn gwledydd mwy cyfoethog. Does gan y mwyafrif o bobl sy'n wynebu peryglon tectonig ddim mynediad at yswiriant fforddiadwy. Eiddo masnachol a diwydiannol sy'n cael ei yswirio yn erbyn difrod o ganlyniad i drychineb tectonig gan amlaf.

Profi gwybodaeth 44

Rhestrwch yr arwyddion sydd i'w cael cyn digwyddiad peryglus y dylai cymunedau fod yn ymwybodol ohonyn nhw.

Mae yswiriant yn strategaeth bwysig ar gyfer gwledydd economaidd datblygedig. Ond, er bod unigolion yn sylweddoli gwerth yswirio, mae cwmnïau yswiriant yn pryderu am dalu symiau enfawr yn dilyn trychineb ac yn codi'r premiwm ar sail y risg. Maen nhw hefyd yn gorfodi pobl i gymryd mesurau amddiffynnol i ddiogelu'u cartrefi. Mae'n amhosibl yswirio pob cartref mewn ardaloedd lle mae'r tebygolrwydd o ddifrod yn uchel. Mewn rhai achosion, bydd y llywodraeth yn cymryd y baich ar ran y bobl fwyaf tlawd.

Mae'r awydd i helpu pobl sydd wedi dioddef trychineb yn arwain at **gymorth brys** yn cael ei gynnig gan lywodraethau, cyrff anllywodraethol (NGOs) a rhoddion preifat. Bydd cymorth yn cael ei ddefnyddio ar gyfer pob cam o'r gylchred rheoli perygl (gweler Ffigur 44).

Ymateb tymor byr a thymor hir i effeithiau peryglon daeargrynfeydd a gweithgaredd folcanig

Mae dau fframwaith y gellir eu defnyddio i edrych ar ymatebion dros gyfnod o amser.

1 Mae **Cylchred Rheoli Trychineb Perygl** (Hazard Disaster Management Cycle) (Ffigur 44) yn nodi cyfnodau mewn rheoli peryglon. Mae'n cynnwys yr ymateb ar unwaith, ailsefyfdlu, adfer a datblygu gwytnwch. Ceir fersiynau amrywiol o'r gylchred. Maen nhw'n dangos sut mae creu strategaethau i addasu'r golled, addasu'r digwyddiad yn ogystal ag addasu'r graddau mae'r ardal yn agored i niwed yn ffitio mewn i'r gylchred. Ym mhob cam o'r gylchred hon, mae technoleg bellach yn gynyddol bwysig.

Cyngor i'r arholiad

Mae astudiaethau achos defnyddiol ar gyfer yr adran hon yn cynnwys Haiti (2010) a Nepal (2015) yn ogystal â llwyddiannau a methiannau cymorth rhyngwladol yn dilyn tsunami Gŵyl San Steffan yn 2004.

Profi gwybodaeth 45

Diffiniwch y termau canlynol: 'gwytnwch', 'adferiad' ac 'ailsefydlu'.

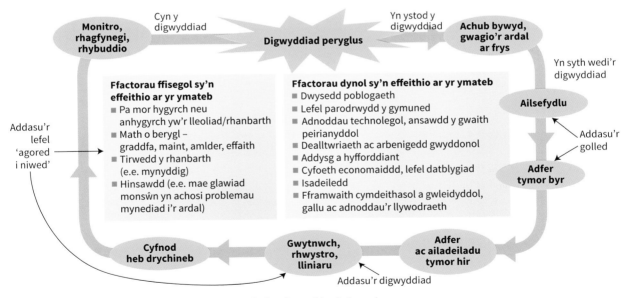

Ffigur 44 Y Gylchred Rheoli Trychineb Perygl

2 Mae **Model Park – Cromlin Ymateb i Drychineb** (Ffigur 45) yn ein galluogi i fodelu beth yw effeithiau trychineb. Mae'r model yn edrych ar y cyfnod cyn i'r trychineb ddigwydd, yr effeithiau a'r cyfnod adfer yn dilyn y digwyddiad. Mae'r model yn dangos beth yw pwysigrwydd gwahanol strategaethau cyn, yn ystod ac wedi'r digwyddiad.

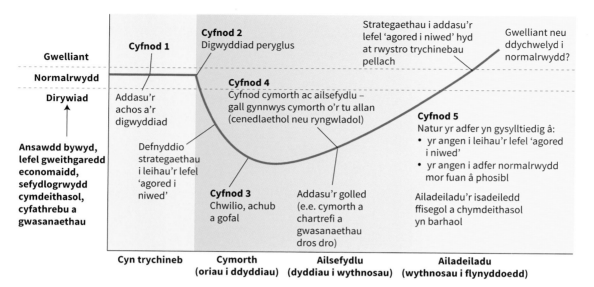

Ffigur 45 Model Park – Cromlin Ymateb i Drychineb

Defnyddiwch y we er mwyn derbyn yr wybodaeth ddiweddaraf ar gyfer paratoi eich astudiaethau achos. Gallwch edrych am yr wybodaeth ddiweddaraf ar gyfer *tsunami* Gŵyl San Steffan yn 2004 er mwyn gweld beth oedd y canlyniadau a beth yw'r sefyllfa erbyn heddiw. Defnyddiwch *Google Earth* i edrych ar yr ailadeiladu a gweld os yw'r difrod i'w weld o hyd. Dewis arall fyddai edrych ar y sefyllfa yn Haiti i weld os oes unrhyw gynnydd wedi bod yno ers y daeargryn yn 2010 – mae adroddiadau sydd ar gael yn anghyson â'i gilydd.

Cyngor i'r arholiad

Dewiswch wahanol ddigwyddiadau peryglus ac ewch ati i baratoi diagramau er mwyn gallu cymharu cynnydd ac effeithiau'r ymateb a fu yn y tymor byr a'r tymor hir.

Crynodeb

- Dulliau o leihau'r graddau mae'r ardal yn agored i niwed yw monitro, rhagfynegi a rhybuddio am beryglon tectonig.
- Gall rhagfynegi fod yn ddull effeithiol ar gyfer peryglon folcanig, ond mae bron yn amhosibl rhagfynegi daeargrynfeydd.
- Mae ymatebion tymor byr i effeithiau daeargrynfeydd a pheryglon folcanig yn cynnwys rhagfynegi a rhybuddio yn ogystal â chynnig cymorth brys cenedlaethol a rhyngwladol.

- Mae ymatebion tymor hir yn cynnwys codi adeiladau sy'n gallu gwrthsefyll daeargryn, cynllunio defnydd tir pwrpasol, paratoi'r gymuned o flaen llaw, addysg ac yswiriant.
- Mae'r Gylchred Rheoli Trychineb Perygl yn dangos sut mae'r dewis o ymateb yn dibynnu ar y rhyngberthynas gymhleth sydd rhwng ffactorau ffisegol a ffactorau dynol.

Cwestiynau ac Atebion

Ynglŷn â'r adran hon

Mae'r cwestiynau isod yn nodweddiadol o'r arddull a natur y cwestiynau y byddwch yn eu gweld ar y papur arholiad. Yn achos y cwestiynau ar gyfer arholiadau Uwch Gyfrannol, mae nifer y llinellau sy'n cael eu caniatáu yn y llyfr atebion yn arwydd o'r manylder sydd ei angen ar gyfer ateb pob un cwestiwn.

Mae sylwadau wedi eu nodi ar gyfer pob cwestiwn a ddynodir gan y symbol ℮. Mae'r sylwadau hyn yn cynnig arweiniad ynglŷn â dehongli'r cwestiynau. Caiff atebion gan fyfyrwyr eu cynnwys yn ogystal â sylwadau manwl ar gyfer pob ateb. Mae'r symbol ℮ yn cael ei ddefnyddio ar gyfer sylwadau ac maen nhw'n nodi cryfderau a gwendidau'r ateb a'r marciau tebygol fyddai'n cael eu rhoi am yr ateb hwnnw.

Mae gan yr arholwyr dabl sy'n dangos yr uchafswm marciau ar gyfer pob Amcan Asesu (AA). Mae'r cynllun marcio yn profi eich gwybodaeth a'ch dealltwriaeth o'r cynnwys arwyddocaol, ac yn cynnwys canllawiau marcio a bandiau marcio ar gyfer cyfansymiau marciau sy'n fwy na 5.

■ Tirweddau Rhewlifedig

℮ Mae'r ddau gwestiwn cyntaf ar ffurf arddull cwestiynau Uwch Gyfrannol CBAC. Maen nhw'n cynnwys cwestiynau sy'n gofyn am ddiffiniadau cryno neu ymateb i ddata ac mae'r rhain yn cael eu marcio yn seiliedig ar bwyntiau. Ceir cwestiynau hir hefyd sy'n cael eu marcio gan y system marcio yn ôl bandiau.

Cwestiwn 1

(a) Diffiniwch beth yw pwynt ecwilibriwm rhewlif. (3 marc AA1)

℮ Rhoddir 1 marc am y pwynt sylfaenol ac yna hyd at 2 farc pellach am eglurhad ac esboniad manylach sy'n cynnig ateb sy'n esbonio fesul cam.

> **Ateb ymgeisydd**
>
> Pwynt ecwilibriwm rhewlif yw pryd fydd croniad ac abladiad yn cydbwyso ei gilydd ✓, lle mae colledion abladiad drwy doddiant ✓ yn cael eu cydbwyso gan gynnydd wrth i eira ac iâ ffres gronni uwchben ✓, felly ar y pwynt hwn, a fydd yn amrywio yn ofodol ac yn dymhorol, mae'r mewnbynnau yn hafal i'r allbynnau. Mae yna fwy o groniad yn y rhan uchaf a mwy o abladiad yn is i lawr.

℮ Mae'r ateb hwn yn ennill 3 marc yn rhwydd.

(b) (i) Esboniwch sut mae'r gyllideb rewlifol yn gweithio fel system. (5 marc AA1)

℮ Dyma enghraifft dda o gwestiwn sy'n gofyn am ddiagram syml o'r gyllideb rewlifol – bydd llunio diagram sy'n dangos mewnbynnau ac allbynnau yn llawer mwy clir na cheisio esbonio gyda geiriau. Mae diagram hefyd yn syml i'w wneud.

Ateb ymgeisydd

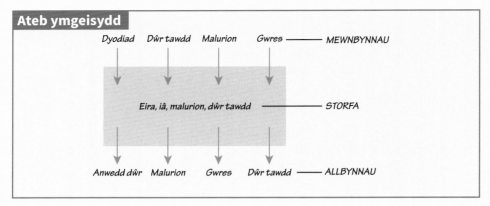

ⓔ Mae'r diagram yn un da, ond er mwyn ennill marciau llawn, mae angen esboniad ysgrifenedig i esbonio'r cysyniad o gyllideb. Byddai'r ateb hwn yn ennill 3 marc.

Cynnwys arwyddocaol:

- Mae system yn cynnwys mewnbynnau, allbynnau a'r cydbwysedd rhwng y ddau drwy lifoedd amrywiol sy'n effeithio ar faint y storfa (y rhewlif).
- Mae'r gyllideb rewlifol yn cael ei gyrru ymlaen gan fewnbynnau o egni o'r haul, sy'n anweddu dŵr o'r cefnforoedd sy'n ffurfio aergyrff, sydd yn eu tro yn creu eira a mathau eraill o ddyodiad (h.y. yn darparu croniad o eira/iâ).
- Mae egni potensial yn cael ei ddefnyddio wrth i'r rhewlif lifo tuag at i lawr o dan ddylanwad disgyrchiant.
- Pan fydd croniad yn fwy nag abladiad bydd cyllideb neu gydbwysedd màs positif yn digwydd.
- Pan fydd abladiad yn fwy na chroniad bydd cydbwysedd màs negatif yn digwydd.
- Diffinnir cydbwysedd màs fel yr enillion drwy groniad a cholledion drwy abladiad sy'n pennu maint y rhewlif, gydag amrywiadau blynyddol ac yn y tymor hir.
- Mae abladiad yn digwydd yn ardaloedd isaf y rhewlif o ganlyniad i sychdarthiad (*sublimation*), iâ yn ymrannu (*calving*) a dŵr tawdd.

(b) (ii) Disgrifiwch ac esboniwch bwysigrwydd adborth cadarnhaol a negyddol o ran dylanwadu ar y gyllideb rewlifol. (5 marc AA1, 3 marc AA2)

ⓔ Mae adborth yn gysyniad cymhleth ac yn air pwysig i'w ddeall. Cofiwch bob amser i gael digon o enghreifftiau i gefnogi eich dadleuon. Mae'n bwysig hefyd i gynnwys ystadegau lle bo hynny'n bosib.

Ceisiwch esbonio'r ffactorau allai leihau effeithiau cynhesu byd-eang gyda'r lleihad yn y pelydriad a ddaw o'r Haul (pylu byd-eang – *global dimming*) gan ddefnyddio'r cysyniad o adborth negyddol.

Cysyniad arall i'w ddeall ydy sut mae'r newidiadau yn iâ'r Arctig yn gallu amharu ar gylchrediad thermohalin (THC) a newid cyfeiriad Llif y Gwlff a fyddai'n arwain at oeri yng ngogledd Ewrop er gwaethaf cynhesu byd-eang yn gyffredinol.

Ateb ymgeisydd

Effeithiau adborth yw'r rhai hynny sydd naill ai yn gallu ychwanegu at y newid a'i wneud yn fwy (adborth cadarnhaol) neu eu bod yn lleihau'r newid (adborth negyddol). Mae adborth cadarnhaol yn gallu digwydd pan fydd y gorchudd o eira ac iâ yn cynyddu, gan gynyddu albedo ac arwain at fwy o oeri, mwy o eira a chynnydd yn y gorchudd iâ. Byddai hynny'n cyflymu'r cynnydd o ran maint y storfeydd rhewlifol. Mae ymdoddiant yr eira a'r iâ yn lleihau albedo, ond mae methan yn cael ei ryddhau o rew parhaol sy'n dod o'r gorchudd llenni iâ, gan gyflymu'r lleihad ym maint y rhewlif. O edrych ar gynhesu byd-eang mae adborth negyddol yn gallu lleihau cyflymder y cynhesu neu'r oeri. Mae hyn yn ei dro yn cael effaith ar y masau iâ.

ⓔ Mae'r ateb hwn werth 2 farc yn unig ar gyfer AA1 gan fod diffyg eglurder ynddo. Mae'n dangos dealltwriaeth dda ac felly'n haeddu 3 marc AA2. Cyfanswm: 5 marc.

Cwestiwn 2

(a) (i) Diffiniwch y term peiran (cwm, cirque, corrie). (2 farc AA1)

ⓔ Mae angen diffiniad syml ond manwl.

Ateb ymgeisydd

Mae peiran yn dirffurf ar siâp 'cadair freichiau' sydd wedi ei ffurfio mewn pant ar ochr mynydd mewn ardal fynyddig uchel. Mae'r peiran fel arfer wedi'i leoli uwchben dyffryn rhewlifol ✓. Fe gafodd ei ffurfio'n wreiddiol mewn pant eirdreulio sydd wedi cael ei ehangu gan hindreuliad drwy broses rhewi-dadmer ✓.

ⓔ Mae'r ateb hwn yn ennill 1 marc am y diffiniad ac 1 marc am ehangu ar y diffiniad hwnnw.

Astudiwch y tabl.

Uchder (m) (ar y gwaelod neu lefel y llyn)	Cyfeiriad mae'n wynebu	Lled ar y man mwyaf llydan (m)	Uchder y wal gefn (yn fras) (m)
690	GGDd	500	200
710	GGDd	800	210
700	GGDd	900	260
760	DnGDn	100	160
920	GGGn	600	150
950	GnGGn	600	160
720	GDd	900	270
760	GDd	800	170
950	DnDDn	900	160
960	D	500	200

(a) (ii) Esboniwch ddwy ffordd y gallech ddefnyddio dulliau ystadegol ac/neu ddulliau graffigol i ddadansoddi'r wybodaeth a ddangosir yn y tabl. (2 × 2 farc AA3)

ⓔ Noder bod yna sawl ateb posibl. Rhowch 2 farc ar gyfer bob 2 – un am enwi'r dull ac un am esboniad pellach o'r wybodaeth a ddangosir.

Ateb ymgeisydd

Byddai'n bosib defnyddio diagram rhosyn i ddangos uchder y peirannau a byddai modd paratoi histogram i ddangos faint o beirannau sy'n wynebu'r cyfeiriadau gwahanol.

ⓔ Dyfarnwyd 1 marc. Nid yw enwi'r diagram rhosyn yn ddigon ar ei ben ei hun ar gyfer marc – ni fyddai diagram rhosyn yn addas ar gyfer dangos uchder, felly 0 marc. Byddai modd rhoi 1 marc am 'histogram' ond eto nid yw'n dechneg ddefnyddiol ar gyfer dangos cyfeiriadaeth (*orientation*) a dydy hynny ddim yn cael ei esbonio chwaith.

Cynnwys arwyddocaol:

Dyma rai o'r dulliau graffigol y gellid eu defnyddio:

- Gellid defnyddio diagram rhosyn i ddangos cyfeiriadaeth peiran.
- Gellid defnyddio llinell atchwel (*regression line*) i ddangos y gydberthynas rhwng maint peiran (uchder y wal gefn) ac uchder basn y peiran.
- Gellid defnyddio diagram rhosyn i ddangos y gydberthynas rhwng cyfeiriadaeth y peiran a'r uchder.
- Gellid defnyddio diagram amlder gwasgariad (*frequency dispersion*) neu histogram i ddangos cyfeiriadaeth ganrannol grŵp o beirannau.

Gallai dulliau ystadegol o ddadansoddi gynnwys:

- Defnyddio Cyfernod Cydberthyniad Rhestrol Spearman (r_s) i ddangos y gydberthynas rhwng nifer o nodweddion fel maint gydag uchder neu nodweddion eraill.

(b) Aseswch y ffactorau allai ddylanwadu ar faint a nodweddion peiran.   (4 marc AA1, 3 marc AA2)

ⓔ Mae AA1 yn gofyn am wybodaeth a dealltwriaeth o'r ffactorau sy'n dylanwadu ar faint a nodweddion peiran.

Cynnwys arwyddocaol:

AA1

- Gellir diffinio maint peiran mewn sawl ffordd, gan gynnwys maint y wal gefn, arwynebedd mewn km² (lluosi hyd gyda lled).
- Mae maint peiran yn dibynnu ar ddaeareg a pha mor rhwydd y gellid ei erydu, er enghraifft, bydd tystiolaeth o fregau yn y graig yn arwain at broses rhewi-dadmer.
- Mae pa ffordd y mae'r peiran yn wynebu yn factor allweddol.
- Pan fydd peiran yn dechrau ffurfio, mae'r eira yn cronni yn bennaf ar lethrau cysgodol (o'r prifwyntoedd o'r de-orllewin) sef llethrau sy'n wynebu'r gogledd a'r dwyrain sy'n llawer mwy cysgodol.
- Mae llethrau sy'n wynebu'r gogledd a'r dwyrain yn hemisffer y gogledd yn gysgodol ac felly mae llai o eira yn toddi ac mae mwy o erydiad yn digwydd drwy erydiad clwt eira (*snow patch erosion*).
- Mae uchder y tir hefyd yn bwysig. Mae eira yn fwy tebygol o droi'n iâ wrth ddringo yn uwch.

AA2

Mae hwn yn cynnwys asesiad o bwysigrwydd gwahanol ffactorau. Cofiwch gynnwys enghreifftiau yr ydych chi'n gyfarwydd â nhw.

Mewn theori, y safleoedd sy'n wynebu'r gogledd-ddwyrain ddylai fod y safleoedd mwyaf tebygol i weld peiran yn ffurfio. Fe ddylai'r rhain fod yn fwy o ran maint yn ogystal â bod mewn safleoedd sy'n is i lawr y mynydd. Mewn realiti, fodd bynnag mae eithriadau i hyn gyda rhai peirannau yn wynebu'r de.

Mae daeareg yn ffactor leol bwysig. Mewn arolwg o'r Glyderau yn Eryri, gwelwyd bod adeiledd a litholeg yn chwarae rhan amlwg ac allweddol fel bod y cyfan o'r peirannau yn y Glyderau yn wynebu'r gogledd-ddwyrain gyda dim yn wynebu'r cyfeiriadau eraill.

Ateb ymgeisydd

Mae'r modd y ffurfiwyd peiran yn dylanwadu ar ei faint. Mae ffurfiant peiran (cwm, *cirque, corrie*) yn cychwyn gyda chlwt o eira (*snow patch*) mewn pant ✓. Mae erydiad o'r clwt eira yn ehangu'r pant ✓. Mae cyfuniad o rewi-dadmer a phlicio yn gwneud y wal gefn yn fwy serth. Mae'r rhewi-dadmer hwn yn digwydd i lawr cefn y *bergschrund*. Mae'r pant yn ehangu mewn maint gan symudiad cylchdro'r rhewlif ac mae'r pant yn dyfnhau ac yn ehangu gan sgrafelliad o'r holl falurion rhydd sy'n casglu ar waelod y rhewlif o fewn y peiran. Mae hyn yn esbonio sut mae peiran yn ehangu i fod yn fwy o faint.

Pan fydd y peirannau yn rhydd o iâ rhewlif, maen nhw'n aml yn cynnwys llynnoedd bach neu lynnoedd mynydd sy'n cael eu dal yn ôl gan far o graig sydd wedi'i orchuddio â marian ar flaen neu geg y peiran. Mae Cwm Idwal, Eryri yn enghraifft o beiran sy'n wynebu'r gogledd-ddwyrain, sef y cyfeiriad mwyaf cyffredin ar gyfer ffurfiant peirannau ✓, gan mai dyma lle mae'r rhan fwyaf o'r eira yn casglu.

ℯ Dyfarnwyd 2/7 marc. Nid yw'r ateb hwn yn ateb y cwestiwn gan fod y cwestiwn yn gofyn am nodi'r ffactorau perthnasol. Mae'r ateb yn rhoi disgrifiad digon da o sut mae peirannau yn ffurfio. Mae'n cyfeirio at faint y peiran ac i ba gyfeiriad mae'r peiran yn wynebu ond does dim ymdrech ddigonol i gymhwyso'r wybodaeth i ateb y cwestiwn a osodwyd. Mae'r paragraff olaf yn amherthnasol. Band 2 ar gyfer AA1 a dim ymgais i baratoi asesiad ar gyfer AA2, felly dim marciau. Dyma enghraifft lle nad ydy'r myfyriwr wedi cymhwyso ei wybodaeth a'i ddealltwriaeth i'r cwestiwn a osodwyd, felly mae 2 farc yn unig yn farc siomedig.

■ Peryglon tectonig

Cwestiwn 1

(a) Ar Ŵyl San Steffan yn 2004 fe gafwyd daeargryn nerthol yng Nghefnfor India. Mae'r map yn dangos yr amser y cymerodd hi i donnau'r *tsunami* deithio o ganolbwynt y daeargryn i'r tir. Mae'r rhifau'n cynrychioli nifer yr oriau yn dilyn y digwyddiad gwreiddiol.

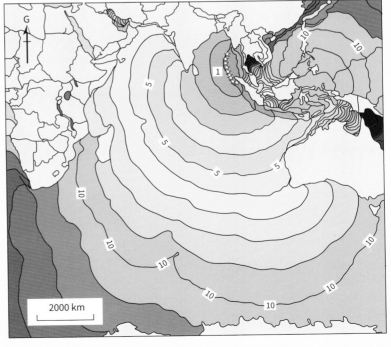

Lledaeniad *tsunami* Gŵyl San Steffan yn 2004 ar draws Cefnfor India

Ffynhonnell: NOAA

2000 km

(i) Defnyddiwch y map i ddisgrifio effaith y digwyddiad hwn ar draws Cefnfor India dros amser.

(6 marc, AA3)

ⓔ Dyma gwestiwn sy'n ymwneud â sgiliau felly mae'n dibynnu ar gywirdeb eich dehongliad o'r map.

Ateb ymgeisydd

(a) (i) Roedd y gylchfa lle rhwygodd y ffawt (y canolbwynt) yn tarddu o ddaeargryn Sumatra ar ffos Sunda, felly doedd dim rhybudd o gwbl i bobl oedd yn byw yn ardal Aceh yn Indonesia.✓ Wedi 2 awr, roedd y don wedi cyrraedd Sri Lanka a de Sumatra a Gwlad Thai.✓ Symudodd y don yn llawer cyflymach dros ddŵr agored Cefnfor India nag a wnaeth i gyrraedd Java a gogledd Sumatra.✓ Wedi 5 awr, roedd effaith y don i'w gweld ar hyd arfordir gorllewinol India a gogledd-orllewin Awstralia.✓ Wedi 7–8 awr, roedd y tonnau wedi cyrraedd arfordir Somalia ac arfordir de Awstralia.✓ Mae'n werth nodi fod y don wedi cyrraedd lleoedd fel Borneo a Brunei, a oedd dipyn yn agosach, yr un pryd ag y cyrhaeddodd Antarctica.✓ Ymhlith y lleoedd olaf i deimlo effaith y *tsunami*, rhyw 24 awr yn ddiweddarach, oedd Gwlff Gwlad Thai a gogledd-ddwyrain Awstralia, gan ddangos nad oedd cydberthyniad amlwg â phellter.✓ Mae ffurf yr arfordir yn amlwg yn bwysig yn ogystal â faint o ddŵr agored y mae'r don yn teithio drosto.✓

ⓔ Caiff y marciau eu gosod mewn tri band yn seiliedig ar fanylder y disgrifiad a pa mor drylwyr y mae'r ymgeisydd yn dadansoddi'r adnodd.

Band 3: 5–6 marc

Band 2: 3–4 marc

Band 1: 1–2 marc

Mae'r ateb yn derbyn yr uchafswm o 6 marc am ddadansoddiad manwl gywir o'r adnodd.

(a) (ii) Edrychwch ar y tabl isod. Awgrymwch a chyfiawnhewch ddull ystadegol y gallech ei ddefnyddio i ddangos y cydberthyniad rhwng yr amser y cyrhaeddodd y tsunami a nifer y marwolaethau.

(4 marc, AA3)

Tsunami Gŵyl San Steffan – yr effeithiau dynol

	Indonesia	Myanmar	India	Maldives	Sri Lanka	Gwlad Thai
Marwolaethau	169,000	81	10,750	81	31,000	5,300 (yn cynnwys 2,248 o dramorwyr)
Ar goll	150,000+	1	5,550	n/a	4,000	2,800
Tai a ddifrodwyd neu a ddinistriwyd	200,100	5,000	15,000	15,000	100,000	60,000+
Pobl a orfodwyd i symud (rhai i wersylloedd)	600,000	10,000–15,000	140,000	11,500	500,000	300,000 (mewnfudwyr o Myanmar yn broblem sylweddol)
Cyfanswm y boblogaeth	217,500,000	48,956,000	1,041,410,000	309,000	19,287,000	64,340,000

Ffynhonnell: Geo Factsheet Rhif 194, www.curriculum-press.co.uk

ⓔ Rhowch gynnig ar y dechneg hon i weld os yw hi'n gweithio.

Ateb ymgeisydd

(a) (ii) Techneg ddelfrydol fyddai defnyddio Cyfernod Cydberthyniad Rhestrol Spearman.✓

$$r_s = [1 - \frac{6\Sigma D^2}{N^3} - N]$$

Fodd bynnag, byddai angen casglu gwybodaeth bellach ynglŷn â marwolaethau, efallai trwy ychwanegu pedwar lleoliad arall fel Somalia, Kenya, Ynysoedd Andaman, Malaysia ayb, am fod angen deg eitem i fod yn ddibynadwy, tra bod y tabl hwn yn dangos chwech yn unig.✓

Byddai angen addasu'r data fesul gwlad hefyd, er enghraifft, India ac Indonesia, oherwydd i'r *tsunami* daro'r arfordiroedd gwahanol ar wahanol amserau. Mae angen defnyddio'r tabl unwaith mae'r cydberthyniad wedi ei gyfrifo ✓ i weld os yw'r gwerth wedi mynd tu hwnt i'r gwerth critigol a bod rhywun yn gallu bod yn hyderus yn y canlyniadau.✓

ⓔ Mae'r ateb hwn yn sgorio'r uchafswm o 4 marc gan ei fod yn cyfiawnhau'r dewis o dechneg a ddefnyddiwyd.

(b) **Astudiwch y tabl.**

(i) **Cyfrifwch pa wlad ddioddefodd y ganran uchaf o farwolaethau o'r holl farwolaethau (amcangyfrifwyd bod nifer y marwolaethau yn 275,000).** (2 farc, AA3)

ⓔ Wrth gyfrifo, mae'n bwysig dangos y camau cyfrifo, oherwydd er gall yr ateb fod yn anghywir oherwydd rhyw gamgymeriad syml, bydd marciau'n cael eu rhoi am y dull a ddefnyddiwyd.

(b) (i) Yr ateb yw Indonesia

$$\frac{169,000}{275,000} \times 100 = 61\% ✓$$

(b) (ii) **Awgrymwch resymau posibl am hyn.** (4 marc, AA2)

(b) (ii) MM9 oedd y daeargryn ✓ a chyrhaeddodd y *tsunami* uchel iawn ar unwaith, heb roi cyfle i neb baratoi amdano mewn mannau fel Aceh, gan fod y *tsunami* wedi digwydd mewn dŵr bas ger y lan. Rhanbarth tlawd lle bu llawer o ryfela oedd Aceh yn Indonesia – a gyda difrod sylweddol i gartrefi ayb, roedd canran uchel o farwolaethau'n anochel.✓ O bosib, roedd llywodraethu gwael a diffyg addysg a pharodrwydd y gymuned yn Indonesia ar gyfer y fath ddigwyddiad wedi gwaethygu'r effaith.✓

ⓔ Rhoddwyd yr uchafswm o 4 marc ar gyfer y gwaith cyfrifo cywir a'r rhesymeg a ddangoswyd. Mae nifer o atebion eraill y gellid eu datblygu yn seiliedig ar eich dealltwriaeth o'r ffactorau sy'n dylanwadu ar beth yw effeithiau trychineb o'r fath.

(b) (iii) **Dewiswch a chyfiawnhewch dechnegau cartograffig y gallech eu defnyddio i ddangos gwybodaeth ynglŷn â marwolaethau a difrod i gartrefi.** (4 marc, AA3)

(b) (iii) Gallai technegau cartograffig gynnwys symbolau wedi'u lleoli'n gyfrannol (cylchoedd, sgwariau, barrau yn dangos ystadegau penodol sydd wedi eu gosod ar fap sylfaenol)✓; graffiau cylch neu far o ystadegau penodol wedi eu gosod ar fap sylfaenol. Gallai'r rhain ddangos cyfran o'r cyfanswm.✓ Byddai'r ddau ddull yma ar eu gorau o leoli'r data ar fap.✓ Gellid defnyddio mapiau coropleth ond dydyn nhw ddim yn gwbl addas.✓

ⓔ Bydd atebion sy'n derbyn sgôr uchel yn dewis a chyfiawnhau'r dewis hwnnw drwy werthuso. Mae'n rhaid ei bod hi'n bosib darllen a dehongli'r data yn hawdd yn ogystal â chymharu'r data hwnnw rhwng un wlad a'r llall. Er mwyn sicrhau'r marc uchaf, mae'n rhaid cyfeirio at farwolaethau a chartrefi sydd wedi'u difrodi yn ogystal â dewis a chyfiawnhau technegau'n dda. Mae'r ateb hwn yn dangos rhai syniadau, ond maen nhw'n rhy gyffredinol a heb eu cysylltu'n ddigonol gyda'r data. Mae'r ateb oherwydd hynny'n ennill 2 farc yn unig.

(c) **Gan ddefnyddio'r map, y tabl a'ch gwybodaeth eich hun, gwnewch asesiad o addasrwydd ymatebion byr dymor posibl i reoli a lliniaru effeithiau *tsunamis*.** (8 marc, AA1 5 marc ac AA2 3 marc)

ⓔ Dyma gwestiwn eang. Mae'r cwestiwn yn cynnwys y geiriau 'lliniaru' a 'rheoli' felly mae angen i chi roi ystyriaeth i'r ddwy agwedd.

Mae AA1 yn cwmpasu gwybodaeth a dealltwriaeth o ymatebion byr dymor. Mae'r ymatebion hyn yn cynnwys yr ymateb achub sy'n digwydd yn syth yn dilyn *tsunami* a'r wythnosau cyntaf o adfer.

Cynnwys arwyddocaol:
Mae ymatebion byr dymor yn cynnwys:
- achub a chwilio am oroeswyr
- asesu'r difrod i dai
- darparu bwyd a lloches a lletty mewn argyfwng
- darparu cymorth cyntaf a deunydd meddygol i drin anafiadau ac amddiffyn rhag clefydau
- clirio isadeiledd i ganiatáu mynediad, e.e. porthladdoedd, meysydd awyr, ffyrdd
- cymorth argyfwng a chyflenwad dŵr o lywodraethau cenedlaethol ac asiantaethau rhyngwladol fel y Groes Goch a chyrff anllywodraethol (NGOs) .

Ar gyfer AA2 mae angen cymhwyso gwybodaeth a dealltwriaeth trwy ddadansoddi pa mor addas yw'r atebion, e.e. a wnaethon nhw weithio ac a gafodd yr arian ei wario'n gall. Bydd angen i chi gynnwys enghreifftiau a chyd-destun, er enghraifft, Chile, Gŵyl San Steffan (Asia), Ynysoedd Solomon neu Tohoku (Japan).

Bydd atebion sy'n ennill marc da yn ystyried:
- os yw'r ymdrechion i reoli a lliniaru wedi'u rheoli'n effeithiol gan lywodraethau, elusennau ac asiantaethau eraill
- a gafodd y cyllid ar gyfer y byr dymor ei ddefnyddio'n effeithiol
- a roddwyd blaenoriaeth i'r bobl fwyaf agored i niwed
- pa mor effeithiol fu'r cydweithio rhwng pawb
- a gafodd ardaloedd anghysbell ac ardaloedd hygyrch eu rheoli gystal â'i gilydd.

(c) Er mwyn asesu addasrwydd yr ymateb i *tsunamis*, rwy'n bwriadu edrych ar *tsunami* Gŵyl San Steffan. Dyma un o'r trychinebau mwyaf erioed, a effeithiodd ar 18 o wledydd amrywiol o ran eu datblygiad a hefyd oedd yn amrywiol o safbwynt eu pellter oddi wrth ganolbwynt y *tsunami*, gydag ardal Aceh yn Indonesia yn cael ei heffeithio waethaf am ei bod mor agos i'r canolbwynt.

Yn y tymor byr, cofnododd adroddiad gan Oxfam fod yr ymateb brys enfawr wedi bod yn hynod lwyddiannus bron ym mhob ardal, gan mai dim ond ychydig o bobl fu farw yn sgil newyn neu glefydau heintus oherwydd diffyg dŵr glân. Er i ysgolion dros dro orfod cael eu codi gan UNICEF ar gyfer 500,000 o blant, dychwelodd 97% o blant i'r ysgol o fewn mis. Felly, er gwaethaf y nifer uchel o farwolaethau (275,000) a chymhlethdod adnabod y 2,500 o dwristiaid a fu farw yng Ngwlad Thai, roedd yr ymateb brys yn hynod effeithiol.

Ar y llaw arall, cafodd daearyddiaeth yr ardal effaith ar ba mor gyflym y llwyddodd rhai ardaloedd i ddod dros y trychineb. Roedd gwytnwch y cymunedau'n dibynnu ar nifer y meirw, maint y difrod ac effeithiolrwydd a chyflymder y cymorth yn cyrraedd yr ardaloedd amrywiol. Roedd undod y cymunedau a'r mynediad oedd ganddyn nhw i adnoddau cymdeithasol, economaidd a gwleidyddol, yn chwarae rôl bwysig iawn yn adferiad y cymunedau. Yr her fwyaf oll oedd y ffaith fod cymaint o ddifrod wedi bod i isadeiledd a chysylltiadau gan olygu nad oedd gan adrannau'r llywodraeth a'r cyrff anllywodraethol (NGOs) ddigon o awyrennau a chychod i gyrraedd y cymunedau anghysbell.

ⓔ 8/8 marc Mae'r ymgeisydd hwn wedi dangos gwybodaeth dda o rai ymatebion byr dymor ac mae digon o enghreifftiau wedi'u cynnwys. Mae'r ymgeisydd hefyd wedi gwerthuso llwyddiant y strategaethau hyn mewn gwahanol leoliadau yn ddigonol i ennill marciau llawn ar gyfer AA2. O fewn yr amser oedd ar gael, mae hwn yn ateb da.

Cwestiwn 2

Mae'r cwestiwn hwn yn cyfateb i adran A yn Uned 4.

Gwerthuswch bwysigrwydd tectoneg platiau er mwyn deall dosbarthiad daeargrynfeydd. (6 marc AA1, 13 marc AA2, 1 marc AA3)

ⓔ Mae cwestiynau hir fel hyn yn gofyn i chi arddangos eich gallu i resymu'n glir. Bydd angen i'ch rhesymu fod yn ddealladwy ac wedi ei drefnu'n glir ac yn rhesymegol. Mae'n bwysig iawn eich bod yn ysgrifennu eich ateb yn glir a dealladwy.

Ateb ymgeisydd

Mae'r USGS (*United States Geological Service*) yn amcangyfrif bod sawl miliwn o ddaeargrynfeydd yn digwydd ar draws y byd bob blwyddyn ond bod y mwyafrif ohonyn nhw yn ddibwys. Mae perthynas wrthdro rhwng amledd a maint y daeargryn gyda tua 15 daeargryn y flwyddyn o MM 7+ a thua 130 daeargryn o MM 6–6.9.

Mae symudiad platiau tectonig yn achosi i wasgedd gynyddu o fewn cramen y Ddaear. Wrth i'r gwasgedd gael ei ryddhau, bydd cyfres o ddirgryniadau sy'n cael eu galw'n ddaeargrynfeydd yn digwydd.

O ganlyniad, mae perthynas rhwng dosbarthiad byd-eang daeargrynfeydd a lleoliad ffiniau'r platiau tectonig, gyda thua 85% o'r daeargrynfeydd yn cael eu cysylltu â symudiad ar hyd ymylon platiau (daeargrynfeydd rhyng-blât). Dim ond am ychydig eiliadau'n unig y mae'r ysgwyd nerthol, h.y. daeargryn, yn parhau. Mae'r hollt yn cael ei alw'n ffawt a lleoliad y symudiad yw'r canolbwynt neu'r ffocws.

Gellir dosbarthu dyfnder y canolbwynt sy'n effeithio ar faint o ddifrod sydd ar wyneb y ddaear fel hyn:

Canolbwynt bas: 0-70 km, canolbwynt canolig: 70–300 km a chanolbwynt dwfn: 300–700 km. Mae 70% o'r daeargrynfeydd yn ddaeargrynfeydd canolbwynt bas.

Ar hyd ffiniau plât adeiladol (dargyfeiriol), mae magma'n gwthio i fyny i ffurfio arweddion cefnen a hollt, h.y. cefnen canol cefnfor, sy'n caniatáu i rymoedd disgyrchiant wthio'r lithosffêr i ffwrdd trwy gyfrwng proses a elwir yn wthiad i greu cefnen (*ridge push*). Mae ffawtiau trawsffurf (*transform faults*) ar hyd cefnen yn achosi symudiad i'r ochr sy'n arwain at ddaeargrynfeydd bychan ond cyson. Gall hyn ddigwydd hefyd ar hyd ffin ddargyfeiriol gyfandirol Dyffryn Hollt Dwyrain Affrica, er enghraifft, y daeargryn ar raddfa MM 5.4 yn 2016 yn Tanzania.

Mae daeargrynfeydd bas yn digwydd yn aml ar hyd ffiniau gwrthdrawol, fel y rhai hynny ar hyd cadwyn fynyddoedd yr Alpau-Himalaya, yn bennaf oherwydd ffawtiau gwthiol (*thrust faults*) o fewn y creigiau sydd wedi'u cywasgu. Mae hyn yn arwain at greu daeargrynfeydd mewn cadwyni mynyddoedd i mewn i'r tir (Nepal, Gorkha 2015).

Gwelir y daeargrynfeydd mwyaf cyson ar hyd pob math o ffiniau dinistriol o ganlyniad i dansugno platiau cefnforol yn sgil proses tyniad slab (*slab pull*). Mae tyniad slab yn broses allweddol bwysig o ran symudiad platiau. Mae'r daeargrynfeydd hyn yn digwydd mewn cylchfa gul sy'n cael ei galw'n Gylchfa Benioff gyda'r canolbwynt yn amrywio o'r bas i'r dwfn wrth i'r platiau cefnforol gael eu tansugno o dan y platiau cyfandirol. Yng ngorllewin De America, mae plât Nazca yn cael ei dansugno o dan blât De America, gan arwain at ddaeargrynfeydd grymus yn aml mewn gwledydd fel Ecuador (2016), Peru (2011) a Chile.

Mae'r math olaf o ffin plât – cadwrol – yn arwain at ddaeargrynfeydd grymus wrth i ddau blât symud yn ochrol i'w gilydd gan wthio heibio ei gilydd, fel yn achos Dyffryn San Andreas yn California. Gall 'y daeargryn mawr', sy'n gallu cael ei egluro'n rhannol drwy'r theori bwlch (*gap theory*), ddigwydd wrth i blatiau fynd yn 'sownd' gan achosi i wasgedd sylweddol adeiladu ac yna cael ei ryddhau. Fe ddigwyddodd y daeargryn yn Haiti yn 2010 o ganlyniad i symudiad lleol ar ffin gadwrol. Mae modd gweld felly bod amrywiaeth o ddaeargrynfeydd (rhyng-blât) sy'n cael eu hachosi gan symudiad ar hyd ffiniau'r platiau – tua 85% o'r daeargrynfeydd. Mae'r ffiniau hyn i'w gweld yn glir ar draws y byd.

Fodd bynnag, mae llawer o resymau dros ffurfiant daeargryn ar wahân i weithgaredd ar hyd ffiniau neu ymylon platiau.

Yn Hawaii a'r Galapagos, mae bodolaeth 'mannau poeth' wedi arwain at ffurfiant llosgfynyddoedd tarian mawr. Gellir cysylltu gweithgaredd daeargrynfeydd ar ynysoedd fel Hawaii â gweithgaredd folcanig.

Yn yr un modd, mewn sawl rhan o'r byd sydd ddim ar ffin platiau, mae daeargrynfeydd yn gallu bod yn gymharol gyffredin, er mai rhai cymharol fach ydyn nhw fel arfer. Mae rhannau o fewndir UDA, fel New Madrid, Missouri, wedi profi llawer o ddaeargrynfeydd, y gellid eu cysylltu â symudiad ar hyd hen ffawtiau. Yn yr un modd, yn y DU, mae nifer o ddirgryniadau a daeargrynfeydd o gwmpas MM 3-4 lle mae symudiad yn digwydd ar hyd hen ffawtiau, e.e. ffawt Church Stretton sydd wedi achosi daeargrynfeydd yn Sir Amwythig.

Mae nifer cynyddol o ddaeargrynfeydd yn gysylltiedig â gweithgareddau pobl. Mae ffrwydradau niwclear fel y rhai diweddar yng Ngogledd Korea wedi arwain at ddirgryniadau sylweddol. Yn ogystal â hynny, mae adeiladu cronfeydd dŵr enfawr, fel Cronfa'r Tri Cheunant yn China, yn dal pwysau enfawr o ddŵr yn ôl o fewn y cronfeydd anferth hyn. Mae rhai gwyddonwyr yn dadlau bod cysylltiad rhwng y cronfeydd hyn â'r cynnydd yn nifer y daeargrynfeydd yn Sichuan. Daeargryn o fewn plât arall sy'n gysylltiedig â chodi cronfa ddŵr yw daeargryn Killari yn India. Yn ddiweddar, mae ffracio am nwy ac olew wedi dod yn bwnc llosg gan fod rhai yn dadlau ei fod wedi arwain at nifer o ddaeargrynefeydd bychan, e.e. dwyrain UDA. Fe ddefnyddir y dystiolaeth hon fel dadl yn erbyn ffracio fel ym Mro Morgannwg a Swydd Gaerhirfryn.

I gloi, mae platiau tectonig yn syflaenol bwysig wrth egluro dosbarthiad daeargrynfeydd, yn enwedig y daeargrynfeydd mwyaf, ond mae yna amrywiaeth eang o achosion – gyda 15% o'r daeargrynfeydd yn ganlyniad i achosion eraill.

e **19/20 marc wedi eu dyfarnu, AA1 6 marc, AA2 12 marc, AA3 1 marc** Dyma ateb sy'n cynnwys enghreifftiau pwrpasol ynghyd â gwybodaeth gyfredol o dectoneg platiau. Mae'n haeddu marciau Band 3 ar gyfer AA1. Mae'r ymgeisydd hefyd wedi ceisio dadansoddi'r dosbarthiad a'i gysylltu â symudiad y platiau gyda dadansoddiad trylwyr a chydlynol ac felly yn ennill sgôr uchel yn AA2. Cafodd yr ateb ei ysgrifennu'n dda gan lwyddo i gynnal ac atgyfnerthu ei farn, felly rhoddir 1 marc ar gyfer AA3.

Cynnwys arwyddocaol:

Mae AA1 yn cwmpasu eich gwybodaeth a'ch dealltwriaeth o ddosbarthiad daeargrynfeydd.

- Mae cramen y Ddaear yn symudol, o ganlyniad mae cynnydd graddol mewn gwasgedd ar greigiau a phan fydd y gwasgedd yn cael ei ryddhau'n sydyn, bydd rhannau o'r wyneb yn profi ysgwyd nerthol, h.y. daeargryn.
- Ceir cysylltiad amlwg rhwng dosbarthiad daeargrynfeydd a ffiniau platiau yn fyd-eang, h.y. daeargrynfeydd rhyng-blât.
- Ar ffiniau plât adeiladol (dargyfeiriol) mae daeargrynfeydd canolbwynt bas yn digwydd ar ffawtiau trawsffurf sy'n achosi symudiad i'r ochr ar hyd cefnen gefnforol – Cefnen Canol yr Iwerydd a Chefnen Cefnfor India a hefyd ar hyd cylchfa ddargyfeiriol gyfandirol Dyffryn Hollt Dwyrain Affrica.
- Mae daeargrynfeydd canolbwynt bas yn gallu digwydd hefyd ar hyd ffiniau plât gwrthdrawol Alpau-Himalaya lle mae cramen y ddaear yn cael ei phlygu gan wasgedd ochrol i ffurfio cadwyn o fynyddoedd.
- Gall daeargrynfeydd cryf ddigwydd ar hyd ffiniau platiau cadwrol lle mae dau blât yn symud heibio'i gilydd – yn California ar ffawt San Andreas.
- Gall daeargrynfeydd ddigwydd ar hyd ffiniau plât dinistriol (cydgyfeiriol) a'u canolbwynt yn amrywio o'r bas i'r dwfn ar hyd Cylchfa Benioff wrth i dyniad slab dynnu un plât dan y llall (caiff y gramen gefnforol ei thansugno o dan y gramen gyfandirol – Cadwyn yr Andes).
- Mae daeargrynfeydd yn digwydd mewn mannau poeth fel Hawaii sy'n cael eu cysylltu â gweithgaredd folcanig sef plu magma yn codi tua'r wyneb.
- Mae daeargrynfeydd hefyd yn digwydd ar hyd hen ffawtiau, fel y rhai sy'n Madrid yn rhan ddeheuol UDA. Mae daeargrynfeydd llai i'w teimlo yn y DU (tua 20–30 gwaith y flwyddyn) sy'n ddigon cryf i bobl fod yn ymwybodol ohonyn nhw.
- Gall gweithgaredd pobl achosi daeargrynfeydd, er enghraifft, y pwysau sy'n cael ei roi ar wyneb y Ddaear trwy adeiladu cronfeydd dŵr anferth – achos posibl daeargryn Killari yn India.
- Mae daeargrynfeydd bach hefyd yn gysylltiedig â phroses ffracio am olew a nwy, er enghraifft, yn nwyrain UDA, Bro Morgannwg yng Nghymru neu Swydd Gaerhirfryn yn Lloegr.
- Gall daeargrynfeydd ddigwydd hefyd o ganlyniad i ffrwydradau i brofi bomiau niwclear, fel y rhai yng Ngogledd Korea.

O safbwynt AA2, mae angen i chi gymhwyso eich gwybodaeth a'ch dealltwriaeth drwy ddadansoddi dosbarthiad y gwahanol fathau o ddaeargrynfeydd (maint a dyfnder).

- Gallai dadansoddiad gynnwys ymdrech i nodi beth yw'r canran o ddaeargrynfeydd rhyng-blât a daeargrynfeydd o fewn platiau – 85:15%.
- Gellid hefyd edrych ar nifer y daeargrynfeydd sydd o ganlyniad i achosion naturiol ochr yn ochr â'r nifer o ddaeargrynfeydd sy'n cael eu hachosi gan weithgaredd pobl.
- Gallai'r dadansoddiad hefyd gyfeirio at ddyfnder daeargrynfeydd gan fod hynny'n gallu effeithio ar faint ac effaith y daeargryn.
- Bydd angen i chi roi manylion am ddosbarthiad enghreifftiau penodol o ddaeargrynfeydd.
- Dylai eich dadansoddiad ddangos dealltwriaeth dda o'r modd y mae tectoneg platiau yn achosi daeargrynfeydd gan gyfeirio at theori fodern, e.e. tyniad slab..

Profi gwybodaeth – atebion

1 Ffirn – *névé* wedi'i gywasgu'n rhannol yw ffirn. Eira sy'n casglu o un flwyddyn i'r llall gan ail grisialu i ffurfio math o iâ sy'n fwy dwys nag eira – mae rhyw hanner ffordd rhwng eira ac iâ.

2 System agored yw un sy'n cyfnewid adborth gyda'i hamgylchedd allanol yn rheolaidd. Nid oes ffin benodol i'r system. Mae'r cydbwysedd rhwng mewnbynnau, llifoedd, storfeydd ac allbynnau yn newidiol ac yn cael ei ddylanwadu gan ffactorau allanol fel hinsawdd.

3 Cydbwysedd net cronnus yw cyfanswm colled neu gynnydd màs rhewlif dros gyfnod o amser.

4 Mae cylchrediad thermohalin, sydd hefyd yn cael ei alw'n gludfelt cefnforol byd-eang, yn rhan o'r system gylchrediad gefnforol fawr sy'n cael ei gyrru gan wahaniaethau dwysedd o fewn y cefnfor. Mae'r gwahaniaethau hyn yn cael eu creu gan wres ar y wyneb yn ogystal â symudiadau'r dŵr (fflycsau).

5 Cofnodion dirprwyol yw gwybodaeth a data sy'n cael ei gasglu o ffynonellau gwahanol fel paentiadau, llenyddiaeth neu gofnodion eraill sy'n dangos amrywiaethau yn yr hinsawdd, e.e. gwahaniaethau mewn maint y cylchoedd coed rhwng un flwyddyn a'r llall.

6 Grŵp o rewlifoedd a ddewiswyd gan USGC i gynrychioli amrywiaeth o rewlifoedd mewn gwanhaol rannau o'r UDA i fonitro effaith newidiadau yn yr hinsawdd. Defnyddir dulliau gwaith maes fydd yn cynnig tystiolaeth ystadegol gywir o'r newidiadau i'r rhewlifoedd dros gyfnod o amser.

7 Lleoliad: Mae rhewlifoedd gwaelod oer/pegynol i'w gweld yn y lledredau uwch; mae rhewlifoedd gwaelod cynnes/ tymherus i'w gweld ar dir mynyddig uchel y tu allan i'r rhanbarthau pegynol. O ganlyniad i hyn mae'r proffiliau tymheredd yn wahanol (rhowch fanylion) yn ogystal â gwahaniaethau yn y prosesau erydol (rhowch fanylion).

8 Mewn rhewlifoedd gwaelod oer, nid oes llithro gwaelodol yn digwydd, ac anffurfiad mewnol yw'r brif broses. Mewn rhewlifoedd gwaelod cynnes, llithro gwaelodol yw'r prif broses, er bod anffurfiad mewnol ac anffurfiad gwely tanrewlifol yn gallu digwydd.

9 Mae'r darn sy'n wynebu'r gogledd-ddwyrain yn gysgodol, ac felly mae'r eira yn casglu neu'n cronni yn y fan honno. Gan fod y safle'n gysgodol mae hynny'n rhwystro'r eira rhag toddi a dyna fan cychwyn ffurfiant peiran.

10 Mae'n bosib edrych ar y tirffurfiau rhewlifol mawr drwy ddechrau yn yr ucheldir gyda ffurfiant y peiran hyd at ffurfiant y dyffryn neu'r cafn rhewlifol yn is i lawr y dyffryn. Ar raddfa ganolig gellir edrych ar dirffurfiau fel creigiau myllt a chlegyr a chynffon sy'n dangos cyfeiriad yr iâ. Ar raddfa fechan, mae modd edrych ar y rhychiadau a'r crafiadau fydd eto'n dangos cyfeiriad yr iâ.

11 Siâp — ydy'r arweddion yn llinol ai peidio; lleoliad – ble maen nhw i'w gweld ar lawr y dyffryn. Dadansoddiad o'r arwedd o ran maint, siâp a chyfeiriad hefyd yn gallu bod o fantais o ran cynnig cyfres o gliwiau.

12 Trwy edrych ar gyfeiriad yr arwedd, e.e. drymlin gydag ochr serth sy'n wynebu tua tharddle'r iâ a'r ochr arall yn gostwng yn raddol. Trwy sylwi ar y dyddodion y tu ôl a'r tu blaen i farianau terfynol. Trwy ddadansoddi nodweddion fel y math o feini dyfod neu gyfeiriad llinell hir clastau mewn clog-glai.

13 Mae dyddodion rhewlifol fel rheol yn fwy o faint, gan fod llai o egni mewn nentydd dŵr tawdd ar gyfer cludo dyddodion nag sydd gan rewlifoedd mwy o faint a llenni iâ. Dydyn nhw heb eu didoli gan fod y màs iâ yn eu gollwng. Nid ydynt yn haenedig gan nad ydyn nhw wedi'u trefnu'n haenau gan groniad gwaddodol tymhorol. Maen nhw'n fwy onglog gan nad ydynt wedi'u llyfnu o ganlyniad i gyswllt gyda dŵr neu athreuliad.

14 Mae hyn yn golygu bod modd i dirffurf (e.e. esgeiriau, drymlinau neu dyrrau) gael eu ffurfio mewn sawl ffordd wahanol.

15 Mae eu maint (y lled a'r uchder) yn ddibynnol ar beth ydy maint y màs iâ creiriol a pha mor gyflym y mae'r mewnlenwi yn digwydd.

16 Mae **tirffurf** yn un arwedd geomorffolegol benodol. **Tirwedd** yw'r olygfa sy'n cael ei chreu gan gasgliad o wahanol dirffurfiau o fewn yr amgylchedd hwnnw.

17 Mae rhai mathau arbennig o hinsawdd yn gallu arwain at ffurfiant tirweddau ffinrewlifol penodol sy'n cael eu ffurfio gan rew. Mae rhew parhaol ar y llaw arall yn cyfeirio at dir sydd wedi'i rewi'n barhaol. Felly, mae hinsawdd ffinrewlifol yn arwain at greu ardaloedd sy'n fwy o ran maint ac sy'n gallu cynnwys amrywiaeth o brosesau.

18 Dyma ffurf araf iawn o fàs-symudiad sy'n gysylltiedig ag ardaloedd ffinrewlifol. Yma, mae'r pridd sy'n llawn dŵr yn symud yn araf i lawr y llethr. Mae hyn yn gyffredin lle mae'r ddaear oddi tano wedi rhewi'n barhaol ac yn rhwystro'r dŵr rhag treiddio i lawr i'r ddaear.

19 Bydd angen rhestru'r holl dirffurfiau sy'n cael eu ffurfio gan iâ daear fel lensys iâ, polygonau lletemau iâ, daear batrymog a pingos. Hefyd, nodweddion fel llabedau a therasau sydd wedi eu ffurfio gan briddlif yn ogystal â phantiau eirdreulio.

20 Arwedd neu arweddion sydd wedi eu ffurfio dan amodau ffinrewlifol o'r gorffennol (arwedd greiriol), e.e. ar ffiniau ardaloedd sydd dan orchudd o iâ yn ystod yr Oes Iâ.

21 Mae rhai pobl yn ymwybodol o'r peryglon sy'n gallu arwain at drychineb o ganlyniad i eirlithrad. Mae'r perygl yma'n gallu troi'n drychineb o dan amodau tywydd anarferol neu annisgwyl. O ganlyniad, bydd rhai'n colli eu bywyd, a bydd eiddo neu isadeiledd fel ffordd, rheilffordd neu bont yn cael eu dinistrio. Mae rhai pobl yn ymwybodol o'r peryglon ond yn dewis herio'r peryglon drwy fynd i sgïo er enghraifft mewn lle peryglus.

22 Mae sianelau anghydlifiad yn cael eu ffurfio gan rewlifoedd sy'n cael eu carcharu yn llifo allan dros wahanfa ddŵr sy'n bodoli eisoes. Mae sianelau cyfrewlifol yn cael eu ffurfio gan ddŵr tawdd.

23 Mae'r rhewlifoedd hyn fel rheol ond i'w gweld mewn tirweddau rhewlifol creiriol (*relict*). Mae'r tirweddau hyn yn eithaf sefydlog ar y cyfan ac yn cael eu defnyddio gan bobl ar gyfer coedwigaeth, ffermio a thwristiaeth. Dim ond ardaloedd gweddol fychan o'r tirweddau creiriol hyn sydd mewn perygl o gael eu hecsbloetio (gweler astudiaeth achos Hohe Tauern). Mewn ardaloedd rhewlifol gweithredol fodd bynnag, mae'r tirweddau rhewlifol a ffinrewlifol yn fregus ac yn agored i gael eu heffeithio gan hinsawdd sy'n cynhesu a gweithgareddau dynol fel twristiaeth a gweithgareddau hamdden.

24 Mae'n adnewyddadwy ac nid yw'n rhyddhau nwyon tŷ gwydr fel tanwydd ffosil, er bod rhai yn dadlau bod codi argae yn effeithio'n andwyol ar yr amgylchedd.

25 Mae'n bosib rheoli tirweddau rhewlifol yn gynaliadwy mewn tair ffordd wahanol sef amddiffyn y fflora a'r ffawna drwy fabwysiadau dulliau gwarchod a chreu cyfreithiau pwrpasol a rheoli rhai ardaloedd drwy fabwysiadu rheolau sy'n caniatáu mynediad drwy drwydded arbennig. Mae modd sicrhau bod y gweithgareddau sy'n cael eu cynnal yn rhai cynaliadwy, e.e. ecodwristiaeth neu ffermio organig. Sicrhau bod y cymunedau sy'n byw yn yr ardaloedd hyn yn cael eu cynnal yn gymdeithasol ac yn ddiwylliannol, e.e. astudiaeth achos Hohe Tauern.

26 Y fantell.

27 Affrica, Ewrasia, De America, Gogledd America, Cefnfor Tawel, Indo-Awstralia, Antarctica.

28 a Mae'r daeargrynfeydd mwyaf ffyrnig ar ymylon plât distrywiol ac ymylon plât cadwrol.

   b Mae'r echdoriadau folcanig mwyaf ffrwydrol ar ymylon plât distrywiol neu maen nhw'n uwchlosgfynyddoedd sy'n gysylltiedig â mannau poeth cyfandirol.

29 Sgarp ffawt yw'r llethr gwreiddiol gaiff ei erydu i ffurfio sgarp llinell ffawt dros amser.

30 Cyfnod adeiladu mynyddoedd plyg.

31 Mae'r daeargrynfeydd yn gysylltiedig â gwaredu gwastraff dŵr drilio mewn ffynhonnau gwaredu dŵr yn ddwfn o dan y ddaear, nid y weithred o ddrilio ei hun. Mae daeargryn yn digwydd pan mae gwaredu'r dŵr gwastraff yn croesi ar draws llinellau ffawt naturiol.

32 Lleoliad sy'n penderfynu hyn. Magma yw craig doddedig sydd o fewn y Ddaear. Lafa yw craig doddedig sydd wedi cyrraedd yr wyneb.

33 Daeargryn llai neu dirgryniad sy'n dilyn prif ddaeargryn. Yn Christchurch, mae'n debyg mai ôl-gryniad oedd yr ail ddaeargryn. Fel sawl ôl-gryniad, roedd yn arwyddocaol am iddo ddigwydd yng nghanol y ddinas, ac achosi difrod mawr o ganlyniad.

34 Mae'r ddamcaniaeth yn rhagfynegi maint cymharol ac amlder daeargrynfeydd mewn ardal benodol.

35 Yn achos Tohuku, y daeargryn oedd y perygl cynradd, y tsunami oedd y perygl eilaidd, a'r trychineb niwclear o ganlyniad i'r tsunami'n boddi'r orsaf bŵer oedd y perygl trydyddol.

36 Llosgfynydd byw yw llosgfynydd sydd wedi echdorri o leiaf unwaith yn ystod y 10,000 mlynedd diwethaf. Llosgfynydd cwsg yw un nad yw'n echdorri ac nid oes disgwyl iddo wneud, ond gallai echdorri eto yn y dyfodol fel y gwnaeth yn y gorffennol. Llosgfynydd marw yw un sydd heb echdorri am o leiaf 10,000 o flynyddoedd ac nid oes disgwyl iddo echdorri mewn cyfnod amser cymharol yn y dyfodol.

37 Nid oedd y llosgfynydd wedi echdorri ers 1845 ac echdoriad ar raddfa fach oedd yn wreiddiol. Laharau achosodd y trychineb. Roedd map perygl laharau wedi ei baratoi, ond nid oedd ar gael. Hefyd tarodd laharau tref Armero yng nghanol y nos.

38 Y canolbwynt yw'r union bwynt o fewn cramen y Ddaear lle mae daeargryn yn digwydd. Yr uwchganolbwynt yw'r pwynt ar wyneb y Ddaear union uwchben y canolbwynt.

39 Lladdwyd nifer o ddisgyblion mewn ysgolion oherwydd yr amser o'r dydd ac ansawdd gwael yr adeiladau. Collodd nifer o deuluoedd eu hunig blentyn.

40 Mae angen cyfuniad o amodau: ffawtio ac ymgodi yn y gylchfa arfordirol neu'r cefnfor gerllaw, daeargryn maint uchel (MM 6+), symudiad fertigol, canolbwynt bas i'r daeargryn.

41 Edrychwch am faterion o ran dylunio adeiladau, addasrwydd codi adeiladau mewn ardaloedd sy'n agored i berygl neu bobl yn or-hyderus y byddan nhw'n ddiogel rhag trychineb, e.e. Mynydd Merapi, lle mae pobl yn byw mewn ardal folcanig.

42 Cynnydd mewn adeiladu a dwysedd poblogaeth uwch mewn dinasoedd risg uchel, yn aml mewn trefi sianti; datgoedwigo'n cynyddu'r perygl o dirlithriad ar ôl daeargryn; clirio llystyfiant amddiffynnol (corstiroedd mangrof a chwrel) sy'n amddiffyn morlinau rhag *tsunami*.

43 Ardal lle mae nifer o beryglon (tectonig a hinsoddol) yn digwydd o fewn ardal fach. Gall un waethygu'r llall, e.e. corwyntoedd a laharau yn y Pilipinas.

44 Mae arwyddion posibl yn cynnwys unrhyw newid i'r sefyllfa arferol, e.e. nifer o ddaeargrynfeydd bychain, tir yn 'chwyddo' ar ochr y llosgfynydd, newid mewn gollyngiadau nwy, newid yn siâp y ddaear, newid mewn tymheredd dŵr yn yr afonydd.

45 Gwytnwch yw'r gallu i ymdopi ac amser adfer. Adfer yw'r camau er mwyn goresgyn trychineb, yn y tymor byr a'r tymor hir. Ailsefydlu yw gallu cymunedau i oresgyn effeithiau seicolegol trychineb.